人気ブランドジュエリーのDNA

旭屋出版

人気ブーランジェのDNA

すべてを手で仕込んだ生地は、それは愛しいものです。

フロイン堂二代目 竹内善之
フロイン堂三代目 竹内 隆

パンを手段として、みんなに平和を届けたい。

ルヴァン 甲田幹夫

人気ブーランジェのDNA

006

フロイン堂

二代目　竹内善之
三代目　竹内　隆

フロイン堂
二代目　竹内善之　三代目　竹内　隆

たけうち　よしゆき
1932年、兵庫県生まれ。1951年工業高校卒業。電気通信省（現N.T.T.）勤務を経て、1979年フロイン堂を継ぎ二代目。

たけうち　たかし
1963年、兵庫県生まれ。1985年大学卒業と同時にフロイン堂に入り三代目。

「すべてを手で仕込んだ生地は、それは愛しいものです。」

パンの消費量日本一の神戸にあって、他と一線を画する店がある。手仕込み、窯焼きにこだわるドイツパンの「フロイン堂」だ。関西有数の住宅地近くにある店には、二代目である父が焼く食パンと三代目が作る天然酵母のパンが並ぶ。特に初代から伝わる食パンは、焼き上がりと同時に売り切れになる。

パンがまだ特別なものだった頃から父はパン作りに打ち込んでいた

〈善之氏〉 父親は神戸の「フロインドリーブ」（大正時代創業のドイツパンの老舗）の製パン部の責任者をしていました。その関係で、昭和7年にフロインドリーブの岡本支店としてできたのが、このフロイン堂です。私が生まれてすぐのことです。ですから、この場所で、この姿で75年過ごしてきたわけです。

父と「フロインドリーブ」の創始者の奥さんはいとこ同士で、今で言う国際結婚です。そのフロインドリーブさんが父に、ちょっと手伝いに来てくれないかと声をかけた。父がパン作りを始めたのには、そういう経緯があったようです。

「フロインドリーブ」が神戸のパン食に果たした役割は大きかったと思います。ほかにもパン屋さんはあったのでしょうけれど、パンといえば「フロインドリーブ」という気持ちを今でも持っております。神戸の人は歴史的にもパンが好きで、消費量は全国一です。港町ということで横浜と比較されますが、横浜が外国文化を中華街という形で表わすなら、神戸はパンでしょう。そういう意味で「フロインドリーブ」の残したものは大きいです。本当のヨーロッパのパンですね。アメリカのパンもありますが、パンのルーツはやっぱりヨーロッパだと、僕は思います。

とにかく、そういうわけで父はフロインドリーブさんのお世話になるようになって、最後は製パンの責任者になりました。「フロイン堂」は販売だけで製造はやっていませんでしたから、父はここから「フロインドリーブ」に通い、焼いたパンを「フロイン堂」に持ち帰って注文のパンをお客様に配達していました。小さい頃、父が自転車で配達するのを手伝った記憶があります。

当時、パンは特別な食べ物でした。朝食はご飯に味噌汁、という時代ですから。それでも、この辺りは外国人が多かったので、パンの需要があったのだと思います。それと、日本人の中でも、いわゆるハイカラさんといわれる方が多く、ゆとりのある、いいお得意さんがありました。つい最近まで当時のお客さんがおいでになって、ずいぶん、長くおつきあいしていただきました。

そんな中で、戦争が起こりました。パンの材料も、どんどん手に入らなくなっていきました。戦争が始まって2、3年で手に入らなくなり、戦後は何もないという状態だったと思います。父は名谷（みょうだに・神戸市北区）の山に畑を作って小麦を育てました。小麦は痩せた土地でもできるんですよ。私は小学校の5、6年生でしたが、日曜日になると父と一緒に畑に出かけ、麦の穂を摘んでリュックサックに詰めるだけ詰め込んで持って帰りました。それを近所の精米屋さんに持ち込んで粉に挽いてもらい、パンを焼きました。粉ができたといっても十分な量ではありませんから、雑穀を混ぜて、パンを焼いていました。焼いたパンは自分のところで食べるのが精一杯だったので、販売するというほどはできなくて、お裾分け程度でしたね。焼いていたのは、今のこの場所です。

戦争前に遡りますが、父はここで自分のパンを焼いて、自分で売りたかったのです。それで、窯をこしらえて準備していたのですが、戦争でその計画もめちゃくちゃになりました。窯はできていたのですが（それが今も使っている煉瓦窯です）、原料がなくてできなかった。やっかいな戦争でしたね。

父がここでパン屋を再開したのは、昭和24、25年ぐらいですか。その当時になってもまだ、パンというのは今のような需要があったわけではありません。自分なりの考えですが、敗戦で学校給食にパンが出始めて、それから一般的になっていったのではないか、と思います。学校給食というものが日本人のパン食にとって大きな転機だったのではないか、と。給食のパンはアメリカのパンですが。

材料はまだ不足していました。イーストもありませんから、ホップ種を培養して、お酒の麹なんかを酵母菌にしていたわけで、量産できるわけでもない。どんな商売でも同じ状況だったのでしょうけれど、パン屋にとってはみじめな時代でした。アワやヒエを使ったり。そんなものから、父は店をスタートさせました。そういう状況ですから、僕は、学校を出てもパン屋になろうとは思わなかった。父も、先行きがどうなるかわからないといって、特にすすめませんでした。工業高校では電気関係を勉強していたので、電気通信省に入り、無線通信の公務員になりました。昭和26年です。それから19年間、役所勤めをしました。

親父はパンの作り方を
教えてくれなかった。
子どもができて
同じ立場になってみると、
親父の気持ちがよくわかる。

隆氏を抱く公務員時代の善之氏。
34、35 歳の頃

電気通信省で働きながら、パン屋の手伝いもしていました。「働いているのに、パン屋までせないかんのか」なんて思いながら（笑）。後になって、それが幸いしたのですが、当時は手伝っていたというより、手伝わされている意識が先に立っていました。僕の仕事は夜勤がありましたから、夜勤明けや夜勤に出るまでの間、それに日曜、祭日。時間があれば父の手伝いをしていたんですね。まだ、面白いという気持ちはありませんでした。

それでも、心のどこかに、家業のパン屋を引き継がないといけないという覚悟はあったように思います。長男ですしね。年とともに、パン食に対する世間の認識も上向いてきていましたし、材料も購入できる時代になってきていましたから、いつかは、という気持ちは持っていたと思います。

僕は普通に言うところの「修業時代」がありません。父と一緒に作ってはいたけれど、教えてもらったということは、ほんと、ないんです。とにかく、父のやり方をそっくり模倣して、今もやっている部分があるんです。

パンを作ること、やることというのはおおまかに話すことはできますが、このときはこうやで、これはこうせなあかんという部分を非常に伝えにくい仕事です。言葉では言い表せない。最終的には、自分の気持ち、感性みたいなもので作るのです。僕が父の立場になった今、父もそうやったんやろうなと思います。僕と息子とは感性が違いますし、これがベストやと言う自信は、僕にもありません。隆は隆で、もっといいものがあるはずだと思っているでしょうし。できたパンについて、今日はよかった、よくなかったという話はしますけど、「こうせい、ああせい」とはあまり言えない、言いにくい仕事だと思います。

「いいパンが今日もできるという保証はない、だから毎日が素人、というのが父の口グセ。」

父は、「毎日が素人」そして「一生勉強」ということを、しょっちゅう言っていました。パン職人だというても、パンの仕事に携わっているだけで、いいパンが今日できるという保証は何もないんや、毎日が勝負で、毎日が素人やから、と。実際、毎日同じ状態に焼き上がるということは、まずないと思いますね。というのは、当然なのかもしれませんが、材料は日をおく（時間が経つ）と「品質」ではなく「様子」が変わってくるんですね。粉なんか特にそうです。新しい（挽きたての）粉はパンになりにくい。逆に、古い粉はダマになってパンになりにくい。そういう変化が季節ごとにあります。気候、温度、湿度、すべてが前の日と同じ条件ということはないはずですから、そういうことまで考えると、父のいう「毎日が素人」というのは納得できるんですね。うまいこと言うた、と思いますよ。38年やっていても同じパンはできません。お客さんに言ったら叱られそうですが、本心はそうですね。今日はすごくいいパンができた、と。じゃあ明日も同じ状況でやればいいだろうと思われるでしょうが、それができないんです。

何かが違うんです。何かが違うのですが…パンづくりというのは、数字で表わせるものがほとんどないんです。だから、マニュアルはないと思っています。自分が持っている経験、コツ、カン。そこに、自分の体調、その日の機嫌、不機嫌、いろんなことが関係してくると思います。同じものが毎日できるというのはまずないし、もしそれが可能になれば、こんなつまらん仕事もないと思うんです。なんか違う、なんでやろ、ということのくり返し。精一杯仕事はするんですが、昨日とは少し違うもんができた、今日はよかった、アカンかった、ということは毎日あるわけで、それが面白いというか、不思議というか、興味があるというか。もっとも、それは大分後になって、父の話を思い返して考えることであって、父の手伝いをしている頃は、そこまでは、全くわかっていませんでした。

僕にとって師匠と言えるのは、父のほかにはいないですね。尊敬しています。父はとにかく、納得がいくまでパンを作らないと気が済まない人でした。パンだけしかない人だ、と当時はそう思っていた。けれど、父がこの店を残してくれて、あの窯を残してくれて、だからフロイン堂があるわけで、有り難いと思っています。

そして僕が38歳のとき、親父が亡くなりました。

「フロイン堂」のパンは、
ここに来たら買える。
それで、いいんじゃないかな。

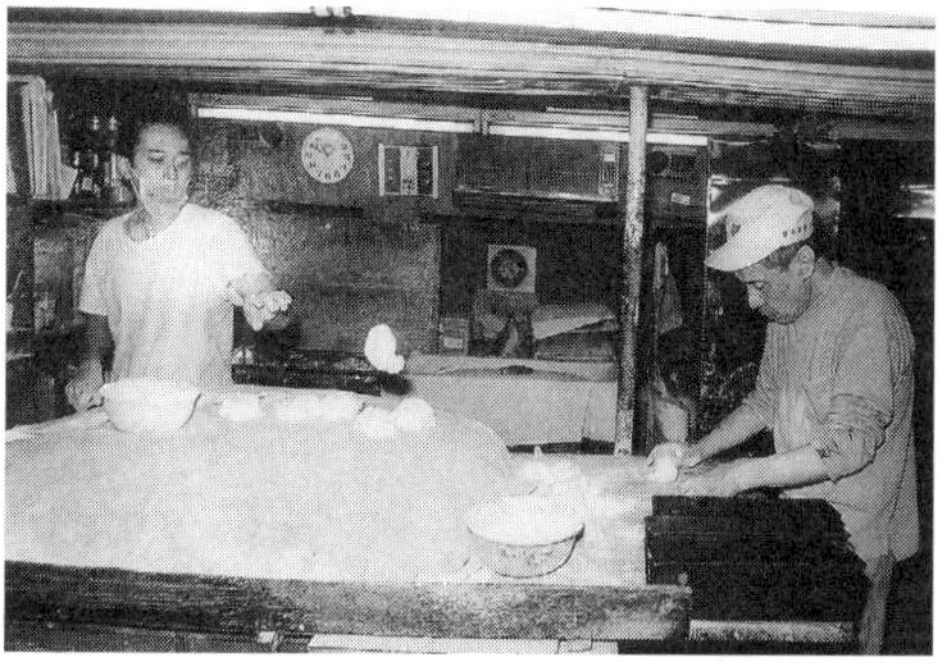

隆氏がフロイン堂に入った頃の手仕込み風景

「お父さんのパンは、もっとおいしかった」と言われながら、焼き続けた。

父が亡くなる以前、「フロインドリーブ」にいた人で父のいとこに当たる人が、父と一緒に「フロイン堂」の仕事をしてくれていました。父が亡くなって2年間は店を任せていたのですが、その人も歳ですし、先は見えていましたから、この辺が潮時かなと、公社（電気通信省は退職時は電々公社になっていました）を辞めて店を継ぐことにしました。

自分で店をやり出して、お得意さんとはいえ、自分が作ったパンをお金を出して買ってくださる、ということに感動しました。店なら当たり前なんでしょうけれど、勤めているときは、そういう性質の仕事ではなかったので、余計、感動しました。

店を継いで10年もたった頃、やっと、パン作りは面白いなと思い始めました。

なんとか自分の思うようなパンができるようになり、自分なりの形ができてからですね。最初のうちは、必死に親父のパンをコピーしていました。お客さんに叱られながら、なんとか。お客さんは二代目、三代目という長いお得意さんもいらっしゃいますから、痛烈なんです（笑）。「お父さんのパンはもっとおいしかった」とかね。それには泣きましたけれど、しかし励みにもなりました。何か言われる時は、確かに自分でも思い当たることがあるんですよ。当たっているだけに、毎日、反省のくり返し。こんな味じゃなかった、という僅かな違いがわかるようになって、だんだん、パンというのは面白いけど難しい、ということがわかってきた。そうなって初めて「いい仕事やな」と思えてきました。厳しいお客さんに、「おいしかったよ」といわれると、本当にうれしい。そういうお客さんがたくさんいてくださることが、有り難かった。

今年で38年目ですか。僕がパン屋を始めたとき、隆は小学校の1年生だったと思います。

「じいちゃんのパンと同じ匂いがするんです。」

〈隆氏〉　小学校に行き始めた年齢ですから、父がパン屋になったとか具体的なことは理解していませんでしたけれど、父の横で、パン生地を粘土がわりにして遊んでいたのは覚えています。粘土みたいにいじっていると、その匂いとか膨らんでくる感触がよくて、ずっとさわっていたい、でも、発酵してしまうので途中で止めなきゃならなくて残念だった、そんな記憶ですね。祖父の思い出もありますよ。「フロイン堂」に遊びに行くと、祖父がパンをくれるんですが、窯は地下にありますから、下からヌーッと手が出て、なんだかこわかった（笑）。小さい頃からパンは好きでしたね。学校給食のパンが食べられなかったのは困りましたが。給食のパンは、うちのパンと全然違いますからね。

祖父のところに遊びに行くと、いい匂いがするんですよ。その匂いが今でもするときがあるんです。外から帰って戸を開けた瞬間に。懐かしい思いがして、そういう時は、ああ、じいちゃんと同じパンが焼けているんやな、と思います。

〈善之氏〉 親父のパンの味や香りというのは素晴らしかったんです。今も親父の配合のまま続けています。改良というのはようしませんでした。それでも、なにがどう違うのかわからないのですが、親父の味を出すことができません。あるパン屋さんに、それはもう無理や、と言われました。原料そのものが違う、と。当時は本当の自然の中に育った小麦が使えたわけです。今は肥料をやり、雨が降れば酸性雨。粉屋さんもいろんなパンに合う粉をそれぞれに作っていますから、もう純粋な原料がないいんじゃないか、と。今さら50年、60年前のパンに回帰していくと、原料からして無理や、と。なるほどと思いました。

そこを技術的なことでカバーしようとすると、添加剤が必要になる。化学的な系列なものの助けを借りないといけなくなってきます。たとえオーガニックのものだと言われても、僕の中では、原材料以外のものはすべて添加物だと思っています。純粋に粉と水と砂糖と塩と油脂だけで作りたい。そういう意味では、非常に難しいし、限られた条件の中で作っているわけです。隆のやっている天然酵母も、同じですね。ほとんど原材料だけで、添加物はいっさい使わないですから。僕は生イーストですが、ある人に言わせれば生イーストも化学的なものだ、と。隆のやっているのは天然酵母ですから、本当に自然のものです。僕は（天然酵母のパンを）自分がようやらんからそう言うのかもしれないけど、そういう方法でいくのが間違いないことだと思います。確かに爆発的には売れないかもしれないけれど、好んでくれるお客さんは絶対いらっしゃるはずなんです。

ミキサーもオーブンも使わない。それが「フロイン堂」のパン。

うちは「フロインドリーブ」の流れでドイツのパンですが、ドイツのパンは「質素」なパンです。素材の持っているおいしさを食べるもの。僕も、パンというものは、小麦粉が本来持っている香りとか旨みとかを食べるものだ、と思っている。今だにそう思っているんです。ですから、それにプラスするジャム、ハム、そのほかのものは、本来のパンに附随したもので、そういうものをパンの中に加えたものは、本来のパンと区別しないといけないのではないかと思っています。毎日食べて飽きないパン、それがパンや、と思うんです。ご飯とお寿司の違いですかね。お寿司は毎朝は食べにくいでしょう。白いご飯というよりむしろ玄米に近いかもしれません。だから、粉の風味をいかにうまく引き出すのかというのが、僕の中では一番の問題ですね。

「フロイン堂」のパンの特徴は、手仕込みと窯焼きです。ミキサーも使わない。2台の煉瓦窯で焼く。それはこだわりなんです。そして、手仕込みの生地と窯の相性がいい、というのも大きいですね。

ミキサーは便利です。スイッチを押せば命令どおりに動く。しかし、手とミキサー、その差、ギャップは絶対にある。それは確信していますね。手で作った生地は、ミキサーで作った生地とは違うのです。手は生地を傷めません。ミキサーにはわからない力の加減が、手ではできます。なにより、直に手で感触を確かめながらできるのですから、微妙な調節が可能です。ミキサーはあくまで、仮のものではないでしょうか。限られたパンだけを手仕込みでやっている店はあるかもしれませんが、すべてのパンを一から十まで一人の人間がミキサーも使わずにやっているという店は少ないでしょうね。だいたい今は、ミキシング、分割、焼成、と分担が分かれているでしょう。僕らは全部やらなきゃならない。

手仕込みは大変ですね、と言われるけれど、不思議に、手でこねた生地は人に任せるのが惜しく、最後まで面倒をみたいという気持ちになります。自分の手で作った生地は、それは愛おしいものです。必ずいいパンにしてやろう、という気持ちが湧いてきますね。よくできるも失敗するも、すべて自分の責任。だから、窯を開けるときは、今だにドキドキします。今日のでき上がりはどうだろうか、水分は飛んで軽い焼き上がりになっているだろうか…要らない水分が残っていると、持ったときに重い、それはパン屋でなくてもわかるほど差がありますよ。毎日、毎日同じことをやっているのに、窯を開けるのが楽しみというのは、こねるところから手でやっているからでしょう。

若いパン屋さんが、一日仕事させてください、と言って来るのですが、帰りに必ずみんなに言うんです。君らは機械でやっていると思うけれど、自分の手でこねて、自分のこしらえた生地を最後まで面倒みて、売るまでをやってみてほしい。パン作りが違ったものに見えてくるし、面白くてやりがいのある仕事だということが実感できると思う、と。僕、本当にそう思うんです。生きもの（手仕込みの生地）を扱っているから余計そう思うけれど、僕は第六感を信じているんです。第六感というのは感性みたいなものですけれど、パン作りにはそれが必要なんです。こっちが一生懸命になれば、パンも一生懸命になってくれる。いい加減なことをやっていると、パンもいい加減になる。第六感をもっと大事にしてほしい、と。本当に、パン作りは、感性の固まり。

オーブンと窯の違いもあります。窯は直火ではなく余熱です。窯が蓄積している熱で焼くんです。焼く分量、焼くパンの種類、それと気温とか湿度などによって、初めのセッティングをします。うちは日曜日が休みですから、休み明けの月曜日は冷えきっています。金曜、土曜日ぐらいになると温まるのも早くなります。壁に手を当てると、よくわかりますよ。それと、オーブンは熱源がある中で焼くけれど、窯は焼くときは熱源がない。だから逆に、じっくり火が通るし、パンの内から焼けていく気がしますね。生地は窯の中で、どんどん変化するわけです。その様子を見るのも楽しいですね。今日はこね方が足りなかったとか、いつも思っていますよ。

食パンは一日に2回、焼きます。ほかのパンも窯に入れなければいけないので、一日に合計１００本、最大で１３５本ぐらいが限度ですね。窯の中の温度は２８０度ぐらい、焼き時間は40分ほどです。薪を使っていた頃は、熱のまわりが弱い部分に薪を集中してやれば平均して熱がまわりましたが、最近、（いい薪が手に入らなくなったこともあって）ガスバーナーにしましたので、途中で奥と手前を入れ替えて熱が偏らないようにしています。仕込みから焼き上がりまでの時間を合計すると、約6時間半ですね。焼けたらすぐ、表面にバターを薄く塗ります。ケース（焼き型）は黒鉄製のものを使っていますが、これも焼き加減に大切な道具の一つ。父の代からのものなので、フライパンの底のように真っ黒になっているでしょう、これがいいんですね。パンを取り出したら、熱いうちに布で拭いておかないといけません。ケースには、生地を入れたのが誰かわかるように記号をつけています。自分が仕込んだものがどんな焼き上がりになっているか見たら勉強になりますし、時には、「こんな入れ方したのは、誰や」、と（笑）。

「一子相伝」でいい、と思っているんです。

昔はこれが普通だった筈なんですが、だんだん変わってきてしまいました。よくいえば製法の進歩でしょうけれど、時代に即して便利を追究するようになり、現在があるわけです。けれど僕は、こんなこと言ったらいかんかもしれないけど、大量生産、大量消費の時代は、本来あるべきものをちょっとずつ忘れて置いてきていると思うんです。とにかく、時代として必要な部分もあるのでしょうけれど、大切なものを捨てているという気がします。職人さんも、自分が作ったパンをお客さんに渡すまでの流れを、一貫して行うことができない。妙な役割分担ができてしまって、自分の作ったパンが最後にどうなるかわからない。逆もあって、今自分が焼いているこのパンが、最初はどんな生地だったのかを知らない。たくさん作って、たくさん売る。それはいいことのようだけれど、僕は必ずしも、そうは思いません。若い人の中にも、心配している人はいますよ。かわいそうだと思います。

手伝ってくれている人は今、一人います。最初は断っていたのですが、あるとき、人に言われました。ここだけで終わったら、もったいないではないか、ほかの人に教えてこのパンをもっと作ってもらったら、と。僕は、それは違うと思っていた。隆がやってくれたらいい。親から子、子から孫と順番に受け継いでいってもらったら、それが一番いい。「フロイン堂」の特徴あるパンは、「フロイン堂」に来たらある、それでいいやないか、と。今でも、そういう気持ちはあるんです。どこに行っても同じパンがあるというのは、どうなのかな。コンビニと一緒で、それはそれで存在価値はあるけれど、あそこにしかない、という存在感があったほうがいいのではないかと思います。それに、神戸ではおいしいといわれても、大阪で、横浜で、名古屋でと、どこでも通用するというものでもないでしょう。味には地域性というものがありますから。そういうことも考えて、「オレは教えるのが下手やけど、それでよければ来て」といって、来てもらっています。個人商店は、あらゆることをやらなければならないのでキツイと思うのですが、しっかり目的を持ってやっていますよ。最近は女の子が多いですね。

手仕込みと窯焼きを通していますから、量産はできません。それでも有り難いことに、食パンは予約が入っていて、焼き上がり時間が来ると、すぐ売れていってしまいます。親父から引き継いだ食パンですから、食パンのことをいわれると最高にうれしいです。これから？　今あるパンを極める、なんて、偉そうなことはいいにくいですが、「毎日が素人」だということを忘れずに、「フロイン堂」だけにしかできないパンを作っていきたいと思っています。人間も古くなりましたので（笑）、新しいことはいえません。その後のことは隆に聞いてください。

ドイッと同じ香りがする、と言われた時は本当に感動しました。

〈隆氏〉　僕は小学校、中学校の頃は別のことをしていましたね。野球などに熱中して、パンの手伝いはあまりしなかったように思います。高校になると、生地をこねる手伝いはさせられましたが、仕事としてパン屋をやろうという意識は、まだなかったです。大学も普通に行きました。3年生ぐらいになると、みんな就職活動を始めるのですが、意識していなかったにも関わらず、家業を継ぐのは当たり前のような気がして、就職活動はしませんでした。僕の代で終わらせるのはもったいない。「使命」みたいな感じでしたね、継げといわれたわけではないですが。パン屋が大変な仕事だということは、わかっていました。薪割りの時や（それがめちゃめちゃシンドイ仕事で）、親父が朝早く出て行くのを布団の中から見て、「こんな大変な仕事、絶対せえへん」と思っていたんですけどね（笑）。今は朝もちゃんと出てきていますから、なんとかなるもんです。朝から晩まで11時間、ときには12時間労働ですから、楽しいといっても必死です。それでもお客さんが喜んでくださる顔を見ると、やり甲斐を感じます。

僕も父と同じで、外で修業したことはありません。ちょっと他所へ行ってみたかったんですけれど、親父が行かないでいい、というもので。父は粉屋さん（製粉会社）に言われたらしい。今はどこもライン（機械作業）で作っているから、「フロイン堂」さんに役立つことは何もありませんよ、と。その製粉会社に粉をテストするセクションがあって、そこに行かせていただきました。粉からパンになるまでを研究する試験室で、パン作りのざっとした工程を体験できるんです。いい経験になりました。あとは、ここと思うパン屋さんで、一日だけ一緒に働かせてもらう、それを何回か。それも、とても勉強になりました。

休みの日には、いろいろなパン屋さんを食べ歩いています。今、パンは日進月歩で変化していますから、まだまだと思っていないと味が向上しないでしょう。自分に対する刺激として、新規店ができたら必ず行くようにしています。西川さん(「ブランジェリー　コム・シノワ」西川功晃氏)の店で、お花畑のようなパンを見たときは、感動しましたね。

パン以外のことも勉強しなければと、何かあれば、仕事が終わってからでも出かけていきます。人間関係も大事ですよね。先輩にいろいろ教えてもらいますし、下の子にも教えてもらうこともあります。以前、父を訪ねてパンカレッジの吉野先生(辻製パンマスターカレッジ技術本部製パン専任教授、吉野精一氏)が来られ、ハートベーカリー(Herart Bakery 21 Club)という勉強会の会員になりました。そこで知り合った人たちは、パンが好きで、作るのが好きで、研究熱心。それまでは井の中の蛙だったので、ずいぶん勉強させてもらいました。今でも誘ってくださって、有り難いなと思います。

8年ほど前、天然酵母でパンを作りたいと思いました。親父に言ったら、反対されたんですよ。今あるパンだけでも手一杯なので、両立できないという意味で反対したのだと思います。あきらめかけていたのですが、ある日、試作中のパンを冷蔵庫に入れておいたら、パンが低温発酵して膨らんでいたんです。2、3日おいて焼いてみたら、すごくおいしい。これはいけると思ったのが、初めてです。ドイツにいたことのあるお客さんが、ドイツのパンと同じ味がした、といってくださったときは、本当にうれしかったです。うちの天然酵母はレーズン種ですが、独特の匂いがすると、お客さんにはいっていただいています。

「フロイン堂」は素朴さが持ち味ですから、食パン、カンパーニュ、それに天然酵母パンなど、定番をさらにグレードアップしたい。そして、毎日、安定して作れるように、最善の方法を見つけていきたいと思います。「フロイン堂」の手仕込み、窯焼きは、ずっと引き継いでいきます。そこに迷いは全くないですね。腰は痛いけど、勝手に体が動いて、それこそ、なんとかなるもんです。

フロイン堂

住所／兵庫県神戸市東灘区岡本1-11-23
電話／078-411-6686
営業時間／9：00〜19：00
定休日／日曜日、祝日

034

ルヴァン

甲田幹夫

こうだ　みきお

1949年生まれ、長野県上田市出身。小学校教師など数々の職を経験した後、フランス人より自然発酵種を用いた伝統的なパン作りを学ぶ。84年に東京・調布で開業。89年、東京・渋谷区富ヶ谷に直営小売店舗を開店し、92年にはカフェ「ル・シァレ」を併設。4年前に故郷・上田市に喫茶とレストランを併設した上田店をオープン。自家発酵の自然発酵種と国産の麦や厳選した材料を使ってパンを焼いている。

「パンを手段として、みんなに平和を届けたい。」

日本における天然酵母パン作りの先駆者的存在。2007年からは、パンを大切に扱うために卸し業務を停止し、自店での対面方式の小売に専念。国内の生産者を支援するため、積極的に国産の材料を使う、ものを再利用して使う江戸時代のような循環型生活を目指す、寂れた商店街の古い商家を再生してパン屋を開き、地域の活性化を図るなど、パン作りを通して社会活動を行う。しかし、それは決して声高ではなく、「穏やかで静かな革命」といった印象の活動である。

高校の頃から美術に興味を持ち、絵を描くことが好きでした。進路を決めるときに、親類など身の周りに教師がいなかったため、親の「一人ぐらい先生になってもいいんじゃないか」という意見を聞き入れて、美術教師になろうと信州大学の教育学部に入学しました。卒業後は美術専門の教師ではなく、東京の小学校の教師として3年間勤め、その後はいろいろな職業につきました。

偶然の出逢いが、生涯の仕事を決めることもある

ずっと競技スキーを続けていたのですが、自分の思うように実力が出せないでいたため、なにか変ったスキーがないかと思っているときに、ちょうどアメリカから「フリースタイルスキー」が入ってきた。コブのある急斜面を滑る「モーグル」や、直滑降からジャンプ台を滑って空中での華麗さを競う「エアリアル」と

いったテクニックに、すごく興味を引かれました。

あるとき、富山県の立山でフリースタイルスキーの講習会合宿があり、スキー愛好家が集まりました。その後、僕が発起人になって、そこで知り合った人たちと「フリースタイルスキークラブ」を作った。その仲間の一人のお兄さんが、製パン機械を輸入・販売する商社を経営されていて、仕事を手伝ってみないかと声をかけられたのです。

会社は「ホンビック」といい、角田保久さんが1978年に設立。82年には、東京調布市にショールームを兼ねた天然酵母パンの工場「ルヴァン」を設立していました。僕はそこに勤めて、生まれて初めてのパン作りをすることになった。33歳のときのことです。

当時のルヴァンにはピエール・ブッシュさんというフランス人がいて、フランスの原点に近い方法でパン作りを始めていました。

まず、干したグリーンレーズンを水に浸して、発酵エキスを取る。そこに、ふすまを取り除いた全粒粉を加えて発酵させると発酵種ができる。発酵種に小麦粉、塩、水を混ぜて発酵させることを繰り返し、自家製酵母を作る方法です。

現在では広く知られている「レーズン酵母」ですが、この技術を初めて日本に根付かせたのがブッシュさんで、ルヴァンでは、現在もブッシュさんに習った方法でパンを作っています。

「天然酵母」という表現についてですが、酵母はフランス語で「ルヴァン」、英語では「イースト」といいます。

日本で一般的に「イースト」と呼ばれているのは、製パン用のイーストのこと。果実や穀類からパンに適した菌だけを分離し、化学物質を用いて培養したものので、使いやすく、いつも同じようにパンを作ることができる、安定した発酵力があります。

一方、果実や穀類のほか、ホップ、じゃがいもなど多種多様の原料から採った菌を、化学物質を使用せずに培養した「自然発酵種」が「天然酵母」と呼ばれているもので、原料、作り手の技術と個性、環境などさまざまな要因によって、味も発酵の具合も異なります。

イーストも自然発酵種も、どちらも天然に存在する菌から作られている天然物。ですから、自然発酵種だけを天然酵母と呼ぶのは妥当ではないかもしれません。ただ、現在はそう呼ぶことが一般的になっているため、僕も天然酵母という言葉を使っています。

パンの「育ての親」になると決意を固めた

70年代、フランスではヨガやマクロビオティックなど東洋的な思想が流行り、ブッシュさんは「玄米菜食」の考え方こそが自分の生き方だと直感したそうです。彼は、おいしくて栄養的にも優れている味噌と醤油造りを学ぶために来日したといい、禅などの東洋哲学も学んでいましたね。

僕は、フランス人がわざわざ日本にやって来て、日本の伝統食や文化と真剣に対峙している姿に感激しました。ブッシュさんと角田さんも、たまたま何かのきっかけで知り合ったと聞いています。どうも、僕の人生は、たまたまとか偶然という出逢いによって導かれているような気がします。

ブッシュさんのパンは、製法はフランス式ですが、材料は国産小麦を使っていました。彼は、マクロビオティックの、地域で生産された物をその地域で消費する「地産地消」、暮らす土地において旬の物を食べることで身体が環境に調和し、心身が健康でいられるという「身土不二《しんどふじ》」、自然に栽培されたものを、なるべく丸ごと使う「一物全体《いちぶつぜんたい》」という考えかたを実践していたため、麦がパンに向くかどうかよりも、日本で取れた麦であることを重視したのです。

当時、「日本の麦なんかで、パンができるの?」という質問をたくさん受けましたが、ちゃんとできるんですね、おいしいパンが。

ブッシュさんという人物に魅かれたのと、自分ももう30を過ぎて、落ち着かなくちゃいけないし、ブッシュさんが生みの親で、僕が育ての親として、パンを作り続けていくのもいいかな、と思うようになったのです。

パンを食べた人たちからは、「ちょっと変わっているけれど、くせになる」「また食べたくなる味だ」という感想が返ってきました。

購買数は少ないのですが、一回買って味を覚えてくると、あまり浮気をしないというか、繰り返し食べ続けてくれる人が多く、それは今でも同じですね。

矛盾のない仕事が、働く喜びをもたらす

人にあげても、売っても喜ばれることが多く、それが気持ちよかった。今までは、やっているうちに仕事に矛盾が生じていました。例えていえば、自分が納得していないレベルのものを、他人に売りつけて生計を立てる、というようなことです。

しかし、このパン作りには、ほとんど矛盾がなかった。よいと思えるものを作

るという単純な喜びに加えて、喜んでくれる人に食べてもらえる。1日1日がストンと完結するということに魅力を感じました。

今まで、生活のためにしてきた仕事は、3年働いては1年休むというペースでしたが、気がついたら、この仕事は27年間ずっと、休まず続いていました。

開業当初の卸し先は、自然食品店でした。当時の自然食品店は、ただ食べものを売るだけというのではなく、社会運動をしながら店を経営しているところがほとんどでした。店員やお客さんは、原発、農業、人権、公害など…、そういう問題と取り組んでいる人が多く、マクロビオティックやエコロジー活動などについても、いろいろなことを教えてもらいました。パンを通して、多くのことを学んだものです。

ブッシュさんは82年に退社し、85年に天然酵母と国産小麦の全粒粉を使ったパン屋「ノヴァ」を埼玉県で開業されました。99年には製パン業務を終了して、現在はオーガニックのドライフルーツやナッツ、紅茶、オリーヴオイルなどの輸入販売をされています。

最良の販売方法は対面方式

角田さんの会社に勤める形でパン作りを続けて3年が過ぎた頃、機械部門とパン部門を切り離して、パン部門の権利を売ってもよいという話を持ちかけられました。さいわい資金を借りることができたので、ルヴァンの権利、つまり名前や機械類を含めて全部を買い取りました。

当時は卸し専門でやっていて、小売はしていなかった。結局、買ってくださるお客さんの大多数は、あえて自然食品店に足を運ぶような特定の人たちでした。ルヴァンのパンを、もっと一般的に、通りすがりの人にも食べてほしい。特に若い人たち、学生に食べてもらいたいなと思いはじめていました。調布の店から都内の取引き先まで配達するときに、いつも通るのが井の頭通り。この沿線でなにかできないかと考えていたところ、中間点にちょうどいい物件が見つかったのが、今の富ヶ谷店です。

ここではお客さんと顔を会わせての対面販売ですから、試食もしてもらえるし、一つ一つのパンに関して、材料や作り方、相性のよい料理、最後までおいしく食べ切ってもらうための保存方法なども伝えられます。

隣のカフェ「ル・シァレ」は、92年にオープンしました。これも、たまたま隣の物件が空いたため、手に入れました。

フランス語で「山小屋」と名づけたのは、僕自身が山が好きだから。山で出会った人たちは、まるで旧知の友人のように、食べものを分け合ったり、情報交換をしたりする。温かな火を囲みながら、疲れを癒し、気持ちのよい時間を過ごす。そんな風に、ルヴァンに来てくれる人たちの交流の場にしたかったのです。

ここでは、焼きたてのパンを食べてもらえるのが、なによりも嬉しい。パンのような発酵食品は、作った環境による要素が大きいため、焼き上がったその場で食べるのが一番おいしいからです。天然酵母パンのおいしさを引き立たせる料理を用意して、いろいろな食べ方を提案しています。

パン屋になるなんて、
かけらも思っていなかった大学生
の頃。
好きな山にばかり行っていた。

国産の材料を使うことで、生産者を支持し続けたい。

小麦粉は、強力粉、中力粉、薄力粉の順にタンパク質を多く含みます。おもな成分はグルテニンとグリアジン。水を加えて捏ねると、この2つのタンパク質が互いにくっつきあって、グルテンという組織を作り出します。グルテンには、弾力性と伸縮性に富んだ性質があるため、パン生地は発酵や焼成のときに自在に伸び、結果としてパンが膨らむというわけです。タンパク質を多く含む粉のほうが、ふっくらとしたパンになり、少なければ、みっちりとつまったパンができ上がるため、パン作りに適しているのは強力粉です。

現在、日本で広く販売されている大手製粉メーカーの強力粉は、アメリカやカナダ産の小麦が原料。うちでは、可能な限り生産者の顔が見える国産材料を使うというポリシーなので、一般に「地粉」と呼ばれる国産小麦の中力粉を使います。

なぜ中力粉かというと、国産小麦のタンパク質含有量は、アメリカやカナダ産の小麦に比べると少ないため、大手製粉メーカーの強力粉と同等のタンパク質含有量の粉が作れないのです。ですから、中力粉を使って作るうちのパンは、クラストはガリッと硬く、クラムはやや目が詰まってしっとりしていて、全体にどっしりとしている重いパンです。

パイやキッシュには岩手県産の薄力粉も使っており、小麦全粒粉とライ麦全粒粉は、生産者から粒の状態で仕入れて自家製粉しています。

ライ麦を作ってくれている栃木県の上野長一さんとは、一緒に山に行ったり公私ともに親しくしています。日本では、ライ麦は収穫量が少なく、お金にならない。また、小麦の倍の高さに伸びるが、その高さに合うコンバインがないため、収穫が終わると機械が壊れて修理にお金がかかる。こんな苦労もあり、とても貴重な宝物のような麦なのです。

上野さんも、僕と同じく「よい食べものを作ることによって、平和な世の中に変えていきたい」という目標をもつ人。志と友情で結ばれているのです。

小麦粉は生産者の高齢化が進んでいて、政府の小規模農家への助成金の縮小なども あり、将来的にはどうなるかわかりません。しかし、地産地消ということや国内自給率を高めるという点から、注目されるようにもなってきているので、みんなの意識がさらに高まれば、それだけ作り手も増えてくるんじゃないでしょうか。この頃は、地方自治体でもパンに向く膨らみやすい小麦の研究・開発を進めていますし。昔ながらの小麦やソバといったものも、作り続けてほしいですね。

ナッツやドライフルーツなど、国産では手に入りにくい材料は輸入品を使いますが、オーガニックの良質なものを選んでいます。水はすべてハーレー浄水機を通した水を使い、塩は長崎県平戸の自然海塩、バターは群酪バターです。どれも安全に、丁寧な作り方をして頑張っている生産者が作ったもので、それを使うことで、彼らを支援し、共によりよい社会を作っていきたいからです。

生産者を訪ねたり、生産者、小売り業、流通業、消費者が交流するイベントにはできるだけ顔を出すようにして、人とのつながりを大切にしています。

大事なものに対しては、お金を使うことも必要

国産のオーガニックの食べものや、小規模の生産者が手作りしているものは、大量生産品に比べると価格が高めです。しかし、金額の高い、低いではなく、国産品を使うという意義を忘れないでいただきたい。

聞いた話ですが、スイス人は、たとえば他国のりんごが１００円、自国のりんごが２００円で売っていたら、自国のりんごを選ぶといいます。そうすることで自国の農業や産業を守ることができるのです。

ルヴァンのパンを食べることが、生産者を守ることにつながるという意識を、ほんの少しでいいから、頭の隅っこにでも持っていただけると、嬉しいですね。

「エンゲル係数」って、今はあまり聞きませんね。昔は「エンゲル係数が高いのは、貧乏な証しだ」っていうことだったけれど、僕自身はエンゲル係数が高く

ていいじゃないか‼　と思っているんです。
衣食住や趣味のどこに重きを置くかは個人の価値観によりますが、安全でおいしいものを食べると気分も体調もよくなる。すると、気持ちに余裕が生まれて、他者に対してもおだやかに優しく接することができますしね。大切にするべきものには、お金を使うという支持のしかたも必要なのではないでしょうか。

パンを捨てないために、卸し業務に幕を引く

パンはビニール袋に詰めてしまうと、自身に含まれる水分で水っぽくなったり、風味が落ちてしまうため、ルヴァンでは、ほとんどのパンをそのまま籠に盛ったり、木の棚の上にのせて陳列しています。

また、多くの人に、いろいろな種類のパンを楽しんでいただきたいので、すべ

ての商品をグラム単位で量り売りにして、一切れからでも喜んで販売していま
す。そうすると、食べきれずに残す、捨てるなんていうことも防げますから。
卸しの場合は、取引先の店で陳列しやすいように、パンを一つずつビニール包
装していました。焼いた日に出荷するためには、急激に冷まさなければならない
のですが、わずかでも水分が残っていると、パンへの逆戻り現象が起きて、劣化
の原因になります。そして、包装に貼りつけるシールには、商品名、原材料、保
存方法、賞味期限などを表示するのですが、表示にわずかでもミスがあった場合
は、全品破棄および回収処分になってしまうのです。
また、卸し先の店では、賞味期限が切れたら即座に廃棄されてしまうこともあ
る。品質が劣化して、本当に食べられない状態になる数日前に設定されているの
が、賞味期限。「この間ならば、おいしく食べられますよ」という目安なので、
それを過ぎても、工夫すればまだまだおいしく食べられるのに。
僕たちがせっかく大切に作り上げても、自分たちの店で売らない限り、そこに
込めた思いまで一緒に伝えることはできないのかと、胸を傷めていました。

調布店は卸しのためのパンを焼いていた工場ですが、設備の老朽化のため、2007年末に閉店し、それと同時に卸しを終了しました。たとえばフランスやドイツのように、パン屋は地域に根ざした存在であるべきだと考えたからです。

これからは地域の店として、お客さんと自分たちとが、顔の見える環境で販売できる小売に専念し、お客さんがルヴァンを目指して、わざわざ買いに来てくれるような魅力あるパンや、どこにもないようなパン作りを、と思っています。

母譲りの「もったいない」精神

僕は3人兄弟で、家は「甲田はきもの店」という昔ながらの下駄屋をやっていました。小学生の頃、朝、こどもたちが学校に行く時間には、両親はすでに店を開けていて忙しかったため、自分たちで食パンをトーストして、用意してあるジャムかなにかを塗って食べ、牛乳を飲んで学校に行っていました。当時のパン

053

ルヴァン
甲田幹夫

僕の原点である調布店。
同じ意識のみんなと食べるパンは、
ひときわおいしかった。

は、現在のようなパン屋ではなく米屋で売っていて、味噌味のパンなんていう素朴さが魅力のパンもありました。

そうそう、母が、余って固くなったパンを、卵と牛乳を混ぜた液に浸してフレンチトーストを作ってくれたのが、おいしかったのを覚えています。余ったおかずに小麦粉を混ぜて焼く、韓国のチヂミのような感じの「薄焼き」をおやつに食べていたことも懐かしいですね。

まだ幼くて、ものがうまく食べられなかった頃、僕がこぼしたご飯粒を、母が拾って食べてくれました。足の裏についた、踏んで少し潰れたようなものまで。そんな母の姿から、自然に「どんな食べものでも、絶対に粗末にしてはけないんだ」「もったいない」という精神を植えつけられたのだと思います。

ルヴァンでは、昨日のパンは20％引きにしていますが、これも「もったいない」精神。パンは焼き立てが格別のおいしさですが、翌日でも十分においしく食べられる。乾いていたら、霧吹きでまんべんなく水を吹きかけてからトーストすれば、もっちりした食感がよみがえります。フライパンにバターを溶かして焼けば、表面はカリッとして、中にはバターがしみ込んで、またおいしい。パンに限らず、食べものはいろいろ工夫して、最後まで大事にいただきたいものです。

現在、日本の食糧自給率は40%を切ってしまい、僕は心底憂えています。エネルギーの80%、木材の約82%も海外からの輸入に頼っている。こうなったら、ルヴァンは、江戸時代のように、エコロジーを実践できる店になりたいのです。

江戸時代は鎖国をしていたため、長崎県の出島や薩摩藩など、ごく一部の特例地域から入る少量の品物以外は、海外からの輸入はほとんどなく、国内の資源だけで生活するしかなかった。そこで、当時の人たちは徹底的に、使えるものはそのまま再使用（リユース）し、廃棄物は原料のレベルまで戻して、再生して利用（リサイクル）したのです。

例えば、下駄の鼻緒が切れたらすげ替え、下駄の歯が減ったら入れ替えて、修繕できなくなるまで大事に履き続ける。ろうそくの溶けたろうを集めてリサイクルする「ろうそくの流れ買い」なんて商売もあったそうです。

家庭でも水は1回使ったら流すのではなく、溜め置きしておいて何度も使うというように、何でも無駄にしないで利用する循環型社会が理想的。今の、大量生産、大量消費の時代、使い捨ての時代は去っていくと思います。

手提げ袋は用意していませんが、お客さんが、十分に使えるものを持ってきてくれます。ものを大切にする気持ちを理解して、循環の輪に加わってもらえるのは、とても嬉しいこと。店頭ではその手提げたちが出番を待っています。

パン屋を開いて故郷を再生する

僕の実家がある長野県上田市柳町は、明治から大正にかけて養蚕・製糸業の好景気に沸いた町ですが、現在は住民の高齢化が進んで活気がなくなっています。見かねた地元の人たちが、10年ほど前から地域活性化に乗り出して、昔のような賑わいのある街に再生させようと奮闘していました。

自分もなにかできたらいいなと考えていたところ、創業300年という老舗の造り酒屋「岡崎酒造」に隣接する、築150年ほどのしもた屋を借りることができました。大工仕事をする使用人が住んでいた家屋と蔵部分で、そこを再生してルヴァンの店舗として活用しています。設計は、上田高校で同期だった荻野道明さんに任せて、太い梁や土間を生かした、心が和む作りに仕上げてもらいました。柳町まちづくり協議会の会長岡崎光雄さんやそば職人の大西利光さんらの協力を得て、2004年、上田店をオープンさせることができました。

1階は溶岩石の石釜を使用した厨房と売り場。岡崎酒造から譲り受けた麹用の木箱を使ってパンを陳列し、地元の野菜や果物を使ったパンやパイなど、信州の旬を反映したパン作りを心がけて、上田店だけの限定品も用意しています。

1階奥にあった蔵部分は、レストラン「ルヴァンターブル」として07年末にオープンしました。スタッフの中に、もとフレンチの料理人がいたのと、気軽に入れるしゃれたレストランがあったらいいだろうと考えたからです。メニューは豆と野菜料理中心のヨーロッパの田舎料理で、地元の野菜を使い、ワインも信州産をはじめ国産ものを揃えています。

2階は、茶房「烏帽子」という畳敷きのカフェ。幼い頃毎日眺めた、そして茶房の窓から見える烏帽子岳の名をもらいました。

ルヴァンのパンのよさは、1度食べて、すぐわかるものではないと思います。これまでの経験から、世間に受け入れられるのに3年くらいはかかるかなと。「うちのパンは、こういうパンです」と、個性を表現していくことと同時に、上田という土地柄、地域の人の好みに合わせたパン作りもしています。

仕事のスタートラインは4年目から

パン作りに限らず、どんな仕事でも、一流になるというか、自分の中でレベルを上げておけば、それは必ずなにかに生かせるはず。そうなるためには1～2年ぐらいではダメ。3年もすると、ある程度見えてきて、4年目に入ると、仕事が

059 ルヴァン 甲田幹夫

マンネリ化してくるかもしれません。けれど、それはプロとしてのスタートライン。ようやく仕事が自然に出来るようになったり、仕事に適した動き方のできる体になったところ。

そのまま惰性で型にはまった仕事の仕方をするのか、円熟したプロフェッショナルになるのかは、その人の心がまえによって決まりますが、それ以前の、1年目、2年目くらいで辞めてしまっては、話にならないということです。

ルヴァンのように何人かで作っている場合は、チームワークのよさが重要になります。チームワークが崩れると、作るパンもおかしくなる。よいパンを作るためには、仲間と気持ちよくやっていけるコミュニケーション能力も必要です。

1人、2人で小規模にやる場合は、コンディションを整えることが不可欠。体調、特に精神状態は、パンに与える影響が大きく、不安定なときによいパンは作れません。仲間と作るにしても1人でやる場合でも、自己管理は欠かせません。

僕が人を見るときには、挨拶がちゃんと出来るか、掃除が好きかというのも重視しますね。特にトイレ掃除とか、人のいやがることをちゃんとできる人がいい。人が成長するには、嫌いなことをやるというのも大事だと思うんですね。

スタッフには、自分の責任範囲のことは自分自身で判断して、独自の工夫をする、いろいろなことに挑戦する心がまえを持ち、常に明るく、笑顔を忘れないことを期待しています。それは、パン職人である前に、一人の人間として大切なことだと思います。

パン作りの魅力というのは、「無から有を生む」こと。無といっても、空気中のそこここに菌はあるんですけれど。昔ながらの、味噌、醤油、酒造りと同じように、その目に見えないもの＝菌を使って、形のあるものにするという面白さには興味が尽きないですね。

将来は、自分たちで農場を作って、麦を栽培できたらいいなと考えています。今、作ってくれている生産者の作物も使いつつ、ルヴァンファーム産の作物でパンを作りたいのです。食べてくれた人たちが健康になって、心もなごむような、幸せを感じてもらえるパンを、と日々願いながら作り続けています。

ルヴァン富ヶ谷店　カフェ・ルシァレ
住所／東京都渋谷区富ヶ谷2－43－13
電話／03－3468－9669（パン）　03－3468－2456（カフェ）
営業時間／パン8：00～19：30（月～土曜）、8：00～18：30（日曜・祝日）
　カフェ10：00～19：30（月～土曜）、10：00～18：30（日曜・祝日）
定休日／水曜日、第二木曜日
http://www.hi-yorokonde.com/detail/index_232.html
ブログ／http://levain317.jugem.jp/

ルヴァン信州上田店
住所／長野県上田市中央4－7－31
電話／0268－26－3866（パン）　0268－25－7425（レストラン）
営業時間／7：30～19：00（冬季変更あり、レストランは異なります）
定休日／水曜日、第三木曜日

ベッカライ・ビオブロート

松崎 太

「もう少しうまくできないかと常に思えることが、幸せです。」

「ベッカライ・ビオブロート」は、華やかなフランスパンが脚光を浴びていた2005年に開店した。場所は「ビゴの店」を筆頭に有名店が揃う芦屋。その中にあって、オーガニックの小麦を自家製粉し、材料表記をする珍しいドイツパンの店と口コミで広まった。約15種類のシンプルな品揃えで、毎日完売する。なぜ、ドイツパンを選び、独自のスタイルを貫くのか。

まつざき　ふとし

1972年佐賀県生。1995年関西外国語大学卒業。1996年京都のバーデン・バーデンでパン職人の道に入る。1997年渡独。ベッカライ・ヴィプラー、ベッカライ・ケーニッヒ、ミューレンベッカライ・ツィッペルで修業。2000年パン職人資格、2001年マイスター資格を取得。2004年帰国。2005年ベッカライ・ビオブロート開店。

「狭く深く」が自分には合っている。

父が長崎、母は宮崎の出身で、僕は佐賀で生まれました。父の仕事は転勤が多く、僕はドイツ時代も含めて20回引っ越しをしています。徳島、東京、京都と移り、小学校5年の時に鳥取県に引っ越しました。中学1年からは家を買ったこともあって高槻（大阪府）に落ち着きました。

子ども心にも鳥取はよかったですね。小学校5、6年という年齢的に楽しい時期だったからかもしれません。小学校ではバスケット部でした。朝練があり、県の選抜がある時は夜も練習があり、当時の小学生にしては本格的だったと思います。僕が深く考えてバスケットを選んだというわけではなかったです。ただ、バスケット以外に好きなことがあったとしても、何か一つに決めないと嫌でした。たとえば、バスケットをやって、野球も、サッカーも、というのはダメなんです。バスケットに決めたらバスケットだけ。だから、中学校時代にクラブをかけもちする状況になった時は、精神的にきつかったですね。中学でもバスケット部に入りましたが、学校のマラソン大会の成績が学年トップだったため、陸上の大会に出場することになって、途中から陸上もかけもちすることに…。それが嫌だった。結局バスケットをやめました。その後、高校、大学は陸上部。「広く浅く」より「狭く深く」の方が、自分にとっては絶対いいと思っています。

子どもの頃から、運動していたこともあってよく食べました。好き嫌いはないですね。お袋に「出されたものは食べなさい」と言われて、おなかがいっぱいになっていても全部食べていたような気がします。大阪に引っ越して、近所のパン屋さんの食パンを食べた時、初めて「あ、パンって、こんなにおいしいものなんだ」と思いました。中学1年生の時でした。この記憶は後に、迷い考えた末にパン職人の道を選んだ時、遠いきっかけの一つになったと思います。

中学の時に高校格差をなくす運動があって、僕は素直に校区の高校を受けたんですよ。入ってみたら、進学率がものすごく悪かった。そのことを知った時、逆に、「じゃあ大学へ行こう」と思ったんです。大学は関西外国語大学へ行きました。なぜ関西外大を選んだかというのも、本当にバカなんですけど（笑）、僕の目的は「大学に入ること」だったので、赤本を調べたら、行けそうだなあって。それと、高校を出てすぐ働くのは嫌だと、たぶん潜在的に思っていたんですね。クラブ活動を続けられればいいや、と。関西外大はスポーツにも力を入れている学校です。そこが合致して、特に意味もなく大学へ行ってしまいました。

自分は一体何なのか。その疑問から始まった。

19歳のある時突然、それまでの自分はその場その場で一生懸命やってはきましたが、はっきり意識して筋道立てて進んだことがなく、何も考えていなかったということに気づきました。オーバーかもしれませんが、自分って一体何なんだろうと疑問になってきたんです。そして、昨日まで普通に生きてこられたのに、その日を境に一気に精神状態が不安定になってしまった、そんな感じでした。それは自分の中でも大きなできごと、強烈な体験でしたね。一歩も前に踏み出せないような状態でしたが、それを救ってくれたのが、友人の存在と本でした。

僕は、アイデンティティを形成する上で友人の井関（井関雅文氏）から大きな影響を受けました。彼は現在、グアテマラで研究生活を送っていますが、当時から目的をもって勉強していた彼は、ほかの学生とは違って見えました。まわりに左右されず自分の道を進む彼の姿勢や生き方は、僕にとって言葉以上の説得力があり、影響されましたね。彼には感謝しているし、今も大切な友人です。

一方で僕は、疑問の答えを探して本を読み漁っていました。それまで読書の習慣がまったくなかった僕にとって、本が手放せなくなるくらい大切になったのはこの時からですね。その頃は、精神分析関連の本、例えばカウンセリングや心理学、アイデンティティに関する本を、手当たり次第読みました。読んでいる時はある程度の鎮静作用というか、気分が落ち着く。ああ読んでよかったな、と思うのですが、2、3日もするとまた元に戻る感覚があって、常に新しい本を読んでいました。その中に、精神と身体のバランスについて書いているものがあって、それを読み、呼吸法、ヨガや身体訓練などのボディーワークを実際にやってみたら、心理学の本などから安心を得ていたのと同じような感覚が得られたんですね。しかも、いつもは2、3日でまたおかしくなるのに、効果が続く。この時、精神と身体の関係を実感しました。このことも僕には大きなできごとで、今の仕事を選ぶ時の重要なポイントになりました。

今思えば、その頃から、アイデンティティを求める一方で将来の職業のことが重要になってきたんですね。就職活動するにもどういう職に就いたらいいかわからず、とりあえず資格の勉強を始めた頃、「社員は講座が無料で受けられる」という待遇がある資格の学校の社員募集が目に留まりました。ここしかないと思って（笑）入社しましたが、3日で間違った選択をしたことに気づいたんです。すぐにでも会社を辞めたいくらいでしたが、会社にも迷惑がかかるし、区切りよく1年勤めました。

会社を辞めるまでの間、本当に自分がしたいことは何なのかを考えました。具体的に職業を選ぶのは難しかったので、手がかりに幼い頃から何に興味を持っていたかを振り返ってみると、伝統的なものへの憧れと、何事においてもシンプルなものが好きなことに気がつきました。それと、かつての体験で、精神と身体の関わりの強さがわかっていたので、身体を使う仕事がしたいと思いました。頭の中で考える人が机の上で考えて自分の内面や精神世界を掘り下げるのと同じように、厨房にいても身体に意識を向けたら精神的なレベルを深めることができるんじゃないか、という予感が強くあったのです。もう一つ、経験を積むことによって蓄積できる仕事がいい。最終的には、何千年もの歴史があって身体を使う鍼灸師かパン屋、というところまでしぼりこみました。そこで、僕にとって近しく、親しみのあるもの…と考えていったら、中学の時にパンがおいしいと思って以来、夜にも食べるほど、パンを食べ続けてきたことに気づきました。また、鍼灸師になるには専門学校に行くのですが、その学費が当時400から500万円。これはかなりの額です。そして、精神と身体の関係について意識して仕事している方は、鍼灸の世界では、多分たくさんいらっしゃるでしょうが、パンの世界では少ないのではないか。じゃあ、パンのほうをやってみよう、と決めました。

僕はパン職人に何のつてもなかったので、専門学校へ行こうと辻調（辻調理師専門学校）を受けました。でも、落ちたんです。正直、落ちると思っていませんでしたが（笑）、これが大きな転機になり、結果的にドイツへ行く時期が早まりました。パン職人になることは、本当に自分で選んだ実感がありましたし、何年かかってもいいから基礎の基礎からやりたい。だったら、本場に身を置いてパンというものを習得するのが、自分にとっては正しい道かな、と思っていたんです。

パンというと思い浮かぶのはフランスかドイツですが、下調べの段階で、ドイツには中世からのマイスター制度があり、教育システムがしっかりしているとわかって、ドイツに行こうと決めました。しかし、ドイツの領事館へ行くと、語学ができずパンの経験もないのでは無理と言われ、帰りのその足で、書店に寄り、日本を調べていた時、職業研修の場を提供してくれるカール・デュイスベルク協会の存在を知ったのです。電話してみると、あっさり「大丈夫ですよ」。ただ、日本での職業経験はないよりあったほうがいい、ドイツでの研修先を探すのに時間がかかるから、その間にどこかで働いたらどうですか、と言われました。ちょっとしたいきさつがあって、初めて働いたのが「バーデン・バーデン」という京都の宇治のパン屋さんです。オーナーの山口哲司さんはこの道一筋の確かな技術を持った方で、仕事がきれいなのが印象的でした。当時は支店があり、僕はオーナーとは別の支店の方で働きました。以前から、イーストがなぜ発酵するのか発酵の仕組みさえ知らないので、理論的な勉強がしたいと思っていたのですが、働いてみると、さらにその思いが強くなりました。

ドイツに行くまでの1年半、一人暮らしをしながら、節約できるものを全部切り詰め、１４０万円くらい貯めました。一度社会人になってドロップアウトしているので、自分で何かをつかみとってこない限りは、本当にもうダメなんだなと思っていましたし、ドイツに行くということは、それまでの日本との縁をある意味切るわけで、結構、悲痛な気持ちでしたね。将来に関しては学べる期待がある一方、もう20代は捨てる覚悟で行きました。それをよく覚えています。

大学時代の悩みが僕の人生を動かした。
身体を動かしながら、精神を深めたい。

大学時代。陸上大会にて

期待と違ったドイツの現状。「来る時代を間違えた」。

ドイツではまず、カール・デュイスベルク協会主催の語学学校（世界各国から集まる人のための全日制の語学学校）に3か月間通いました。授業は午後2時か3時くらいに終わるので、その後は本屋でパンの本を買い漁ったりしていました。語学研修が終わった後は、パン職人を目指すドイツの人たちと一緒です。留学生を受け入れる特別なパン屋さんがあるわけではありません。その当時、外国人は僕だけでした。そもそも、ザクセン州で僕が最初の日本人のパン屋だったらしく、新聞やテレビの取材が来たほどでした。

修業は、よかったし、悪かったんです。

悪いというのは…日本と違って、パンは毎日の食糧なので、1キロもあるパンを400個も500個も焼いているのですが、入ってすぐ気づいたのは、イースト量がやたら多いのと、発酵時間をとらないことですね。イーストフードを何種類も使っていたんですよ。自分が働いている店だけなのかと思ったら、ほとんどのパン屋がそうでした。これがドイツの現状なんだと自分に言いきかせるようにはしたのですが、せっかくちゃんとしたドイツパンを勉強したくてドイツに来たのに、これでいいのかと割り切れない思いでした。よかったのは、学校です。週に2日行くのですが、400ページもあるような理論の教科書をきっちり3年間かけて教えてくれました。

そして、パン職人資格を取りました。見習い期間は基本的に3年ですが、僕がドイツに行ったのは1997年の9月で、そこから語学研修に3か月、ベッカライ・ヴィプラーで働き始めたのは12月だったので、実際には実質2年くらいだったと思います。パン職人資格を取った後、次はドイツの西側のエーバーバッハに移りましたが、その前にもう一つ大事なことがありました。

学校に行っている時、パンの理論の先生が「旧東ドイツのパンはおいしかった」と僕に話してくれたんです。ドイツの東西が統合されたのは1990年で、統一以降、西の技術や機械がどんどん入って、何でも早く大量生産になった。昔の東ドイツは、機械は未発達だし、イーストフードを使わず、イースト量も少しで発酵時間をきちっととってパンを焼いていた、という話でした。それこそまさに自分が欲していたことだったので、「来る時代を間違えた」と思いましたね(笑)。学校教育に関しても昔はよかった、と。僕は先生の授業がとてもわかりやすかったし、教科書もよいと思っていたのですが、先生に言わせると「東ドイツの教育は基礎を充実させていたのに、統一後は何でも早く早くで促成栽培的にいきなり応用に進む」。それで、昔の教科書はどんなものだったんだろうと思って探したら、古本屋にありました。すごく質素で写真も今と比べたらみすぼらしい。でも、技術が本当に詳しく、著者も前おきで断っているのですが、特に大事な分野にかけてはものすごく詳しいんですよ。しかも、知りたかったレシピも載っていた。その世界を開いてくれた先生の話が、本当にありがたかったです。

身体で覚える修業をしながら本物のドイツパンを探し求めていた。

ドイツで修業し始めた 25、26 歳の頃

ベッカライ・ビオブロート
松崎　太

「古本に導かれ、進むべき方向が見えた。」

パン屋でやっている現代の製法はそれはそれで受け入れました。実際の作業で、体で覚えていくことってあるじゃないですか。だから修業先で学ぶことはたくさんありましたが、家では本を参考にして昔のパンを焼いていました。実験ですよ、まさに。パン屋は一人で全部の仕事をやるわけではないし、しかも見習いの仕事は限られている。でも、自分は粉の計量から焼き上げまで一人でやりたい、一からすべて自分でやらないと勉強にならないと思ったので、小さなオーブンを買い、古本の昔のレシピを応用してやってみました。得たものはたくさんありましたね。時々、大家さん…90歳ぐらいのおばあちゃんのいる家族に店でもらったパンをあげていて、階段に置いておくと次に会った時にお礼を言ってくれるのですが、昔のレシピを再現したパンを置いた時は、わざわざ、「おいしかった。昔のパンの味がする」と言いに来てくれました。それはうれしかったですね。

本を読むうちにわかってきたことですが、産業革命や戦争の結果として、ドイツのパンは機械を導入し、添加物を加えて作るものになり、それが根づいてしまった。パンは主食みたいなものですから、たとえば日本でご飯を炊くのに、今さら誰もカマドでやろうとは思わないですよね。外から見ると悪い流れだと思っても、中にいる人は気づかないのかもしれないし。

とにかくドイツの現状がそうなので、自分はもう少しトラディショナルな方向へ行きたいと思いながら、次の修業先を考えていました。僕は、添加物を入れたパンを作りたくなかった。その答えのきっかけの一つになったのが、オーガニックのパン屋です。ドイツでは普通のパン屋はベッカライ、オーガニックのパン屋はビオベッカライと言い、区別しています。ビオベッカライでは、有機栽培の麦を使って環境を守るということだけでなく、ハンドベルク（手仕事）を守る思想が入っていて、自分はこの方向へ進みたいと思いました。

パン職人資格を取った後、エーバーバッハにある「ベッカライ・ケーニッヒ」というオーガニックの粉も扱う店に行きました。１００パーセント、ビオというわけではありませんが、最初に修業した店よりも手作業が多く、発酵時間もとっていました。家族経営の鏡みたいなご夫婦に本当によくしていただき、そこで1年働いた後、バインハイム国立製パン学校へ半年通いマイスター資格を取得しました。うれしかったですね。マイスター資格を取ることが目標だったので、うれしかったんですけど…取ったことに対する喜びは1日か2日で消えてしまい、自分自身がどこまで仕事ができるようになったかという点では、まだまだという気持ちでした。修業期間が短かったこともあります。実は、試験の成績がよいと修業期間を短くしてもらえるため、僕は結構早くマイスター資格が取れたんですよ。普通は7年かかるところを実質3年半で取りました。修業をもっとじっくりやってもよかったのですが、いつビザがなくなるかという不安が常にあったので、先に資格を取り、そこからまた本腰を入れて修業しようと思いました。

資格を取得した後、バイオダイナミック農法（ドイツ思想家で教育者のルドルフ・シュタイナーが打ち立てた特殊な有機農法）の農場にある「ミューレンベッカライ・ツィッペル」に行きました。前から噂は聞いていたし、日本人の知り合いからも「まるめと成形がすごいから見に行ってごらん」と勧められていたんです。一般にヨーロッパ人は仕事が粗いのですが、彼は例外、というか別格。生地の扱いに独自のものを持っていて、一目でわかるくらい違う。その店では自分の農場で穫れた小麦を使っていましたが、僕が見学した時は小麦のできが悪い年で、生地の状態がものすごく不安定。できた生地が荒れるというか切れるというか、そんな状態で、僕がまるめようとしても滅茶苦茶になってしまう。他の職人さんを見てもみんな苦労していて…でも、彼だけがきれいにまるめているんですよ。本当にすごいなあ、と思いました。彼が「この粉を扱えるようになったら、ほかのどんな粉でもパンが焼けるぞ」と言ったのが、僕がますますオーガニックに傾倒したきっかけでしたね。僕は運よく働かせてもらえることになりました。

ツィッペルさんは人格者でした。シュタイナーの思想を土台にした独自の哲学を持っている方ですが、僕は、考え方の面ではそれほど影響を受けませんでした。もし僕が10代だったら違ったかもしれませんが、ある程度自分の考えはできあがっていたので同化することはなく、シュタイナーの思想をパンに生かしているのも、それは彼のアイデアであり、彼のやり方と、客観的に受け止めました。それより僕は、彼の技術面を重視し、まるめや成形がこんなに違うのはなぜだろう、その体の動きをなんとか見切れないだろうかと、ひたすら彼の動きをコピーしようとしましたね。そもそもドイツ式のまるめは日本式とはまったく違うから、ドイツ式のまるめということでは彼もほかの人と同じですが、できあがるものが違う。ということは、やっぱり何かが違うんですよ。それが何か、ということを見極めるのに時間を費やし、結果、手先を使うだけでなく、肩甲骨とその周辺の背中を意識しているのではないかと思いました。ある時、質問をぶつけてみると、彼の答えは、もっと下の、足の方から背中を通した動きを意識している、と。体の動かし方が無限にある中で、一つに決める。無意識ではなく細かい体の動きや使い方に対して意識していることに、感動しましたね。パンの味もおいしかったんですよ。

ただ、味についての衝撃的ということでいえば、実は、僕がプロフィールに載せていない、半年間だけ働いたパン屋があります。なぜ載せないかというと、オーナーに問題があって…給料の支払いをしないとか、女性関係が派手という…もし日本人が行って被害にあったらいけないと思うので。そこでは、とてもやわらかい生地を作っていました。ドイツのパン屋は基本的に堅めの生地が多いのですが、古本で調べると、やわらかい生地がよいとされています。しかし、職場ではやわらかい生地を扱うことがなく、検証となる確信が得られたのがこの店でした。生地がやわらかいということは、構造がしっかりしていない分、焼成の段階でふくらまないリスクも高いんです。だから、この店のパンは多少平たい形でしたが、すごくおいしかった。僕はとても影響を受けて、今、自分もやわらかい生地でパンを作っています。本当に行列ができる店だったんですよ。でも、オーナーの人格が伴っていなかった。理想としては精神と味のレベルは同じと思っていたいけど、まあ、現実には、そうでないことはありますよね。

ドイツでの修業は短くても10年、という気持ちでいたのに7年で帰国したのは、妻のビザの都合で一旦帰国したのがきっかけでした。妻はもともと花の仕事をしていて、オランダで資格取得後ドイツに来ていたところ、カール・デュイスベルク協会の集まりで知り合いました。結婚したのは2001年で、マイスター資格を取得する前でした。思い返すと、なぜ経済的に不安定なこの時期に結婚したんだろう、とは思います。でも、彼女といつか結婚するだろうとわかっていましたから。今、店の販売を担当し、ディスプレーやラッピングなどを考えるのも彼女です。外国に行ってまで花の勉強をしたのに、パン屋を一緒にやってくれて本当にありがたいと思いますね。

働き方をデザインする。

帰国したのは2004年の9月で、翌年、芦屋に店をオープンしました。最初は店を持つことは考えていなかったのですが、経験を積むにつれて、細かいところまで満足がいくようにしたかったら、自分で店を持つしかないという思いが芽生えていました。妻の実家が商売をやっていたというのも大きかったです。店を持つことは、彼女にしてみたら自然なことだったんですよ。それで僕も商売に対する垣根が低くなった感じですね。

店の場所を決めるのに2つのタイプがあると思います。一つは自分の地元で店を開く。その場合、地域のニーズに合わせた商品を提供することになります。もう一つは、商品に合う場所で店をする。僕はオーガニックで全粒粉のパンをしようと決めていたので、僕の地元の高槻でそういうパンを受け入れてもらえるかどうかは難しいと思い、どこで店を開いても賭けではあるけれど、パンの消費量全国一の神戸ならリスクは少ないかもしれないと考えました。物件を決めた芦屋は思ってもみなかった場所ですが、神戸の隣ですし、結果的には正解でした。開店資金は、妻と僕双方の両親が貸してくれることになりました。銀行や信用金庫などから融資を断られたので、ありがたかったです。

オープンの時は、開店3日前から店の前に黒板を出して告知しただけでした。そんなに売れないだろうと思っていたら、売り切れました。その後もお客さんが来てくださって。店の感じがちょっと珍しかったのか、雑誌やホームページに載せてくれて、それを見てまた人が来てくれました。売れなくて困った時期というのはありがたいことに今のところないです。

自分の店を持つことは、すべてを自分で決定できるメリットがある反面、リスクもすべて背負わなければなりません。僕にとって、添加物を使わず、原材料、製法、製品、生産量を自分で決められるのは大きなメリットですね。粉はトースト・ブロートという山食以外は全粒粉で、自分で製粉します。鮮度の問題と、小麦の状態によって挽き具合を調整できるからです。パンの種類はほかの店に比べたらかなり少ないと思います。15種類くらい。僕は、何でも最小限がいいんですよ。本当はクロワッサンも焼かないつもりだったのですが、それだけは、と妻に言われ、作っています。もう一つのメリットは、休業日を自分で決められることかな（笑）。

現在、うちは製造と販売を分けています。販売は妻を入れて3人体制で、すべて妻に任せています。製造は僕1人。僕は早朝3時15分には厨房に入り、午後の1時頃には仕事を終えて、後は全部自分の時間です。疲れている時はその後ちょっと仮眠しますが、喫茶店へ行って本を読んだり、走ったり。僕にとって、精神と身体のバランスのために身体を動かすことは重要なので、忙しくても週に1回、だいたいは週2、3回走ります。平日だったら10キロから15キロくらい、休みの前の日だったら25キロほど走ることもあります。有馬温泉まで山道を走っていって、温泉につかってバスで帰ってくることも。至福の時間ですよ。

働き方は、ドイツにいる時からデザインしていました。いかに効率よく仕事できるか、今までの経験から感じてきた問題点をチェックし、出してみたんです。たとえば、厨房の動線を変えて動きやすくする、台にはキャスターをつけて動かせるようにする、仕込みは1回で冷蔵庫の温度を変えて発酵時間をずらす、など。今、使っている粉の量を考えても仕事量は2人分はありますが、1人でやって早ければ8時間、長くても9、10時間で終わります。2人分を1人ですると、経営面のメリットもあります。オーガニックの原材料は原価がかかるから、僕が2人分の仕事を1人ですれば、人件費が浮いて、原材料に高いものをかけても、まあ、できるかなという計算です。実際、それがうまくいっています。

ベッカライ・ビオブロート
松崎　太

「仕事の本質は、毎日少し上を求める姿勢の中にある。」

パン屋の仕事は同じことのくり返しだと思われがちですが、生地を扱う時に意識する部分を変えていくと、いまだに発見があるんですよ。究極の地点はないと思います。今の段階でここまで、という目標があっても、そこまで行ったらまた上が見えてくる。僕らの仕事は、その意識を常に持ち続けていかないとダメというか、向上心というほどたいそうなものじゃないですが、もうちょっと上を求めていく姿勢の中にあるんじゃないでしょうか。「一生、修業」と言うのは簡単ですが、その修業とは具体的に何をしていくのか。言葉だけで発するんじゃなくて、この生地を扱う時に今日はどうしようかと考えること。商品の外見は変わらなくても、自分の中ではどんどん変わっています。変化していくのが、成長していくこと、生きていることだと思うし、止まってしまうと逆に沈んでしまいますよね。僕の変化は微妙ですが、確かに変化しています。

　僕は新しいものに挑戦するよりは一つのパンをもっと深めたい。その意味では、自分の生まれもった性格と志向に、このパン屋という職業は合っていると思うし、誰に強制されるわけでもなく、もうちょっとうまくできないかと常に思えることが、すごく幸せだと感じています。これからを考えて自分に言いきかせているのは、現役でいるということです。自分が常に厨房に立って生地を触り、常にもっとよく変えられるんじゃないかと思い続けなければ、たぶんダメになると思うんですね。僕がいつも刺激を受けている大切な友人にメッゲライ・クスダ（神戸市のハム・ソーセージ専門店）の楠田くん（楠田裕彦氏）がいますが、そのお父さん（楠田ハム工房社長）もすごい。究極のハムを作り続けるという情熱を、年齢を重ねても衰えることなく持ち続けていらっしゃるのです。その職人魂が、僕の中での目標です。年をとっても、このことを思い続けていけたらいいなと思います。

　僕は流行とは常に無縁です。質実剛健でいきたい。理想は「フロイン堂」さんのように、シンプルで、ずっと同じ形を貫き、でも長く愛される、というのがいいですね。ただ、パンの伝統は、前の世代から学び次の世代へ伝えて続いていくもの。いつになるかわからないけれど、いつかは誰かに伝えないと、という気持ちはあります。僕自身、ドイツで学んで今があるわけですから。

BÄCKEREI BIOBROT
ベッカライ・ビオブロート
住所／兵庫県芦屋市宮塚町14-14-101
電話／0797-23-8923
営業時間／9：00～18：30
定休日／火曜日、水曜日

ブーランジェリー コムシノワ

西川功晃

ブランジェリー コムシノワ
西川功晃

「気づいていないこと、新しい世界が、まだまだある。」

1996年「ブランジェリー　コムシノワ」を開店。以降次々に斬新なパンを発表して注目され、日本のパン業界を牽引する一人に数えられる。2009年1月には第2回モンディアル・デュ・パン国際コンクールに日本代表で出場。今もなお新しいことに挑戦し続ける、その発想とバイタリティはどこからくるのか。

にしかわ　たかあき

1963年、京都生まれ。広島アンデルセン、オーボンヴュータン、ビゴの店を経て、コムシノワグループ荘司索オーナーシェフと1996年ブランジェリー　コムシノワ、続いてブランジェリー　コムシノワ　アンド　オネストカフェを開店。著書に『パンの教科書』『バラエティーパンの教科書』『パン・キュイジーヌ』（いずれも旭屋出版）など。

人を喜ばせたいという気持ちは子どもの頃から持っていた。

僕の母方は代々京都で、祖母は河原町五条で紅新というお菓子屋をしていました。その店に父が仕事で来ていて、母と知り合ったんです。父は大阪の出身で、「福助」という会社に勤めていました。離れの2階はお袋の弟、僕の叔父のアトリエになっていて、僕は行くと必ずそのアトリエへ遊びに行きました。叔父は画家で、絵画はもちろん、スカーフや日傘に絵を描いたり、ろうけつ染めをしていました。叔父さんは変わった人でしたね。「お前のお父さんは真面目だから、こんなことを教えてくれないだろう。だから叔父さんが教えてあげよう」と言って、いろいろな話をしてくれました。料理がとても上手で、僕の家では絶対に食べられないような変わった料理を作ってくれたり、夜はバーに連れて行ってくれたり。食べることの面白みは叔父から教わったと思います。叔父の影響で、ものを作るのも好きでした。成績はめちゃくちゃ悪かったけれど、絵を描く時は先生より上手に描く、ぐらいの意気込みでしたよ。叔父夫婦と僕の家族は仲がよく、僕の一家が姫路に住むと叔父はアトリエを姫路に移し、僕たちが京都に引っ越してからは叔父たちも京都に戻ってくる…叔父はいつも僕のそばにいてくれた感じです。偶然とはいえ、今になってみれば不思議ですね。

僕には2歳上の兄がいます。面白い人で僕より社交的だし、誰とでも仲よくなる不思議な能力があります。小学生の頃から、兄が何かを覚えてきたら僕もそれを見て真似をして、ずっと追っていました。兄がいたおかげで、僕は2年先のものを覚えられて得だなあと思っていました。

生まれてすぐ広島に引っ越したので、物心がついた時には広島の街を歩いていました。廿日市の社宅に住んでいて、毎日山の中をかけ回っていました。小学1年の時、親父が姫路支店長になり、姫路に移りました。お城近くの営業所の上が社宅になっていたので、よく営業所に顔を出しては従業員の人たちに、夏はアイスクリームを配ったり、ミルクセーキを作ったりしていました。今思い出すと、ミルクセーキはよく飲んでくれたなあと思います。気持ち悪かったたんと違うかなあ（笑）。また、塾の行き帰りに駄菓子屋に寄っておやつを買っては、自分なりのデザートを作りました。親父はやさしいから「おいしいなあ」って、感心したように食べてくれたけれど、絶対ウソだったはず（笑）。でも、僕はいつもみんなの喜ぶ顔が見たくて、一生懸命作っていました。

小、中、高校を通じてサッカーをやっていました。その前に剣道をやっていたからか瞬発力があって、小学生の頃は僕が一番うまいと勝手に思っていました。中学校でも1年からレギュラーになってバリバリがんばってたら、親父が転勤になって中学2年から京都に引っ越しました。京都の中学には、残念なことにサッカー部がなかったので、京都紫光クラブ（現京都サンガF.C）に入り、高校もサッカー部が強いところへ行きたくて洛陽高校に入学しました。

学校の帰りには、餃子の王将かケーキ屋さんに寄っていましたね。特にケーキ屋さんは好きで、サッカー部の練習でくたくたになった後でも、ケーキを買って帰ったり、ケーキを見るためだけに寄ったりしていました。

兄は、神戸の「伊藤グリル」に就職しました。兄も叔父に食べさせてもらった料理の影響を受けたのかもしれません。僕は時々、兄を訪ねて神戸へ遊びに行きました。「伊藤グリル」でステーキを食べさせてもらったり、兄が休みの日はお菓子屋めぐりをしたり。僕が高校3年で就職先に悩んだ時、職人になろうと思ったのも兄貴の影響です。クラブ全員が社会人リーグを目指すのが当たり前のサッカー部にいて、一人、職人の方がいいなあと思っていました。

僕は兄のように料理ではなく、お菓子をやろうと思いました。母が習い事をしていた教室の先生から「タカキベーカリー」の高木俊介会長に紹介してもらい、しかも、希望した「広島アンデルセン」に配属してもらうことができました。実は、僕が広島に住んでいた幼稚園の頃、広島の本通りのアンデルセンの前で、ガラスに顔をくっつけてパンを見ていた記憶があったのです。それで、「広島アンデルセン」の名前が出た時すぐ、お願いします、と言いました。

みんなの喜ぶ顔が見たくて
いつも一生懸命作っていた。
僕の原点はここにある。

広島で過ごした幼稚園の頃

ブランジェリー コムシノワ
西川功晃

「なんとしてでもお菓子を知りたかった。」

当時、「広島アンデルセン」は大卒者しかとらなかったので、高卒の僕が採用されたのは異例でした。紹介してもらえてラッキーでしたが、高卒が一人だけなのはプレッシャーでしたよ。製造部に入った大卒の人たちというのは、入社した時から各地の店長候補生なんです。つまり、エリート。入社して半年間は、一日の半分を店長になるための社員教育を受けて勉強するんです。僕はそういう話が聞けてよかった。大卒は1年、高卒は2年以上の経験で試験を受けてパン学校へ行き、その後各地に配属されました。だから、人の入れ変わりが激しかったですね。僕だけ変わらず「広島アンデルセン」にいました。3、4年いたかな。

お菓子の製造を希望していたのに配属先はパン製造でしたが、すぐお菓子の部署に変われると思い、我慢して働きました。2交代制で夜間の勤務もあり、仕事は完全な分業制。僕は最初、成形班に配属されましたが、あんまりキョロキョロするものだから、「落ち着きがないなあ」と言われて、仕込み班に移動になりました。仕込み班は2人だけ。一人で大きなミキサー3台をまわし、しかも仕込みの内容は毎日変わる。量も半端じゃなかったですね。計量班からまわってきた材料に、粉、牛乳、卵、水、イーストなどを指示通りに量って加え、ミキサーをガンガンまわしていました。ある時、上の人に「何年やったらいいんですか」って聞いたら「最低でも3年だなあ」と言われ、このままではアカンわ、と思ったんです。それで、休みの日には隣の焼成班へ行って手伝うようにしました。そうしたら、またある日突然、「お前は今日から焼成班」と言われました。

2年間は必死でした。お菓子のことを思い出すどころじゃなかったですね。なにしろ何をやっても失敗だらけ。入れてはいけない材料を入れてしまったり、自分でも信じられない失敗をするんですよ。でも、先輩に教えてもらいながら、でたらめなパン生地をなんとか別の生地に作り変えていって、逆にいい勉強になりましたね。頭を使えば製品にしていけるとわかってからは、失敗に対する恐怖はなくなりました。パン作りだけでなく、あらゆる障害、たとえば機械の故障や停電などを経験して、何があっても動じないで対処できるようになりました。

　パンの仕事ができるようになると、やりたい放題でしたね（笑）。自分で商品開発プロジェクトを立ち上げて名刺も勝手に作り、材料の会社をまわって、それは後で上司にものすごく怒られました（笑）。また、自分の中で今月のテーマを決めて夜勤の時に実験的に作ったりしましたね。たとえば、今月はクロワッサンの粉を変えて試し焼き、とか。それを上司に持っていったり、ほかにも自分が考えたパンを勝手に販売の人に「どうですか」って見せたり。上司に「勝手に作っているパンにだってコストがかかるんだからな。やるんなら正式な形でやれ」って言われてからは、同好会を作り、試作と試食をくり返しました。外に行けば、インド料理屋さんでチャパティの作り方を教えてって言ったりもしました。

　僕はそうやっていろんなパンを作るうち、パンは料理にとってごく一部だということがわかってきました。店が、ベーカリーとレストランが一体になった複合店だったので、パンと料理の関係、食材の組み合わせや食べ方に興味が出てきたんです。それらをもっと知りたいという思いと葛藤が生まれてきました。

僕はパンの仕事が終わると、店の中を全部見てまわるようになりました。各部署にショップマスターがいるのに、僕がチェックして口うるさく指摘するものだから、「隠れ店長」と呼ばれましたよ。ある時、「自分が作ったパンを見てみろよ、あんなパンでいいのか」と言われました。それはショックでしたね。人のことは見えていても自分のことを見失っていると気づかされて、涙が出るくらい辛かった。でも、僕が店について文句を言うのは止まらなくて、ついに「一度会長に話がしたい」とまで言ったんです。そうしたら数日後に呼び出されたんですよ。

高木会長には、その時初めてお目にかかりました。僕は腹をくくって、会長に向かって店の問題点について自分の意見を話し出したんです。商品の陳列の仕方や照明を変えた方がいいと思うことなどを延々…。僕なんて一従業員、それも小僧ですよね。でも、会長は聞いてくれました。

僕はその時、実はお菓子がやりたいこと、兄がいるフランスに行ってみたいと思っていることも話しました。兄は「伊藤グリル」に勤めた後、フランスへ修業に行ったんです。僕が食の世界に入ったからますます話が合うし、フランスにも来いよ、と言ってくれていました。高木会長と話をした数日後、今度は係長に呼ばれ、「有給休暇をやるからフランスへ行ってきていいよ」って。ほんと、突然だったんですよ。それで慌ててフランスへ行き、兄に案内してもらいながらパリを中心にフランスとベルギーをまわり、ルクセンブルグの「インターコンチネンタルホテル」にも食べに行きました。グランシェフのジャン・ギノーさんはMOF（フランス国家最優秀職人章）を持つ素晴らしい人で、毎年「広島アンデルセン」に指導に来ていたんです。ギノーさんが、「フォション」のシェフパティシエに就任したばかりのピエール・エルメさんに紹介状を書いてくれたので見学に行きました。パリに「フォション」のような、パン、お菓子、お惣菜のつながりを提案している店があると知ったのは、この時が初めてです。

フランスへ行ったことで、興味がもう一つ増えました。レストランでもビストロでも、最後のデザートを食べるのがとても楽しい。それでデザートがやりたくなったんです。上司に、皿盛りのデザートを作りたいと言ったら、デザートはお菓子の中の一部の仕事だからそれだけでは無理だし、デザートだけじゃ商売にならんやろ、と言われました。

フランスから帰って間もなく、「青山アンデルセン」への転勤が決まりました。というのも、僕が偉そうに、お菓子（の部署への配属）を希望しますって上司に言ったからです。即座に「それは無理」と言われました。お菓子からパンへ移った人はたくさんいるけど逆はいない、と。でも、お菓子に行きたい、それも「青山アンデルセン」へ行きたいと希望しました。僕は夜勤明けなどにお菓子の製造を手伝っていたので、ほかのところを見てみたかった。自分の中では、パンは完璧だと思っていたから、気持ちはお菓子、お菓子っていう感じでした。希望が叶って「青山アンデルセン」に行けると決まった時は、うれしかったですね。

でも、「青山アンデルセン」へ行ってみると、メインはウィーン菓子でした。僕は、ほかの店のお菓子に目移りして、上司にフランス菓子をやりたいと言うと、「それはうちではできないんだよ」と言われました。僕は上司に恵まれていましたよ。文句ばっかり言っていたのに、クリスマスのお菓子を考えて作る機会をもらったりしましたから。僕が上司だったら、すぐ辞めさせてますよ。

フランスで体感した
パン、料理、お菓子のつながりは
今の僕が大切にしていること。

料理人の兄が修業中のフランスを訪れた 25 歳時

お菓子の世界で気づいた自分が登るべき「山」。

僕は毎日3軒くらいの店を見てまわっていました。弓田亨シェフの「イル・プルー・シュル・ラ・セーヌ」ができた頃でした。ある時、「イル・プルー・シュル・ラ・セーヌ」へ行ったら、「ル・スフレ」の永井春男シェフが来ていたので挨拶をし、「青山アンデルセン」で働いていることや悩みを話したら、「そんな大きな会社では、お前のような小僧の力ではどうしようもない。自分が思う理想のお菓子をやっている店を探したらどうだ」と言われました。その言葉をきっかけに、僕の気持ちは次の店を探す方向へ動き出したといっていいと思います。

それからは、就職のことも考えながらお菓子屋さんをまわりました。その中の一つに「オーボンヴュータン」があったんです。初めて行った時、これこそ僕が求めていたフランスのお菓子だと思いました。ほかと全然違う世界だと感動したし、ショックでしたね。ウインドーを見ていたら、また偶然にも永井さんがいたんです。永井さんは「以前、ここで働いてたんだよ」と言って僕を河田勝彦シェフに紹介してくれました。「こいつ、変なやつなんだよ」ってね。僕はその場で河田さんに「働きたいんです」ってお願いしたら、「いいよ」って。即決でした。

「オーボンヴュータン」に入るのは、本当は大変なことです。なぜ僕がすぐ入れてもらえたのか、後々考えてみると、河田さんが僕のことを弓田さんの店で働いていたと勘違いしたんじゃないかと思います。僕をすごくできるやつだ、と。

当時、「オーボンヴュータン」には大塚さん（「ジャック」の大塚良成氏）という、後にルレ・デセールの会員に選ばれるすごい人がいました。彼がもう少ししたら辞める予定で、替わりの人を探しているタイミングだったというのもあります。でも当時の僕は、特別扱いされていることも、期待されていることも、まったくわからずにいました。僕は怖いもの知らずで世間知らずでしたね。

「オーボンヴュータン」でのスタートは悲惨でした。大塚さんに初日は「見ておいて」と言われ、2日目に「やっといて」と言われて、僕ができずにいると

「わからないの？　じゃあいいよ」。その時から僕の仕事がなくなったんです。教えてもらえないし、何かしたくてもできないから掃除してばかり（笑）。でも、大塚さんの仕事を見て先回りして準備したりしているうちに、「やる気があるなら、これやっていいよ」と少しずつ仕事がもらえるようになり、この店を代表する古典的なお菓子をいくつかやらせてもらえるようになりました。すごく勉強になりましたね。河田さんに見せると「きれいに作ろうという気持ちがよくない」と怒られ、「何をイメージしているのかわからない」とよく突き返されたし、このお菓子の物語を知った上で作らなければ何にもならない、とも言われました。

「オーボンヴュータン」では、自分の特性も学んできたことも、何も通用しなかった。人より早く行って、長く仕事をしたってダメなんです。決まった時間に行って、決められた時間内にする。必要以上にたくさんやってもいけない。すべてその場で、瞬時にやる。みんながそうなんです。今までは職人だと思っていた自分が、完全に覆されてしまった。陸上にたとえるなら、トラックで1周遅れ、なんていうレベルじゃないんですよ。気がついたら違うグランドを走ってた、ぐらい違う。だから、まずは同じトラックを走ることが目標。めちゃくちゃ辛かったですよ。知らない間に胃に穴が開きました。それでも、毎日仕事に行って、さらに朝と晩にジョギングしていました。なんでかな…太るからでしょうね（笑）。異常なくらいお菓子を食べていたんですよ、いろんな店のお菓子を。味覚を学ぶどん欲さは大切。何が入っているんだろう、どこがおいしいんだろうと、考えながら味わうことが大事ですよね。河田さんに「まずいと思う料理でも味わって食えよ。頭の中で味わって食え」と言われたことがあります。なんでまずいと感じるのかを、考えながら味わう。すると、問題点もわかってきますよね。

その頃は、お金がなくてお風呂もない古いアパートに住みながら、フランス語を勉強したり、月に一度はフランス料理を食べに行ったりしていました。お菓子屋さんめぐりは続けていましたが、自分の知らないパンが目に入ると焦りを感じるようになりました。ある日、兄が銀座の「ビゴの店」のバゲットを持ってきて、その味に感動しましたね。これは一度見に行かなくちゃと思いました。銀座の「ビゴの店」に電話したら藤森二郎さんが出てきてくれて、話をするうち意気投合して。働きたいとお願いして、パンの世界に戻ることにしました。

僕が「オーボンビュータン」を辞める前の数か月、河田さんの助手として働かせてもらいました。なぜ僕がそばで仕事させてもらえたのかはわからないけれど、勝手に想像するには、河田さんという人間を見せてくれたんじゃないかと思います。お菓子屋さんは想像以上に厳しい世界で、その山を登りつめ乗り越えて、あの夢のような素晴らしい世界ができるのです。お菓子の世界にいたことは経験上よかっただけでなく、自分がパンを極めていなかったことを教えられました。「オーボンヴュータン」でガツンとやられて、職人として僕は目が覚めました。

「ビゴの店」では銀座に勤めた後、岩園（芦屋市）の店を立て直したり、芦屋本店を任されたりして4、5年働きました。ビゴさんから、パンが素朴なものだということやパンに対する思いやりなどを教わり、僕はビゴさんのすごいところを感じつつ経営者としての彼に反発してケンカばかりしていましたね。今になってみれば、ビゴさんが正しかったんだなと思うこともあります。でも、当時はもう、フランス人は大嫌い、パン職人を辞めようとまで考えました。

「ビゴの店」を辞め、大阪で新店の立ち上げを手がけた後、今度はフランスのパン屋に就職しようとフランスに行きました。つてはなかったので、手紙を書いていろんな店に出しましたね。「ビゴの店」で一緒に働いたフランス人のザヴィエル・キャトルポワンが帰国すると、彼を手伝って粉の会社の試作や営業をしましたが、遊びで作ったパンがけっこうおいしかった。それは今の僕のパンに反映されていますね。結局、僕はパン屋に就職しなかったんです。というのも、日本で震災（阪神・淡路大震災）が起こって、帰ることにしたから。フランスには半年もいなかったと思います。

料理人、荘司索シェフとの出会い。

実は、僕にとってもっとも大きな出会いである、「コムシノワ」の荘司索シェフとは、僕が東京にいた時分にお会いしました。兄から、関西へ帰省する時には神戸の「コムシノワ」へ行ってみたら、と勧められたんです。荘司シェフに僕はパンをやってるんですと言うと、「僕はパン屋さんにいろいろ提案しているんだけど、なかなか作ってくれないんだ。だから僕が作っているんだよ」とおっしゃいました。僕は東京で、料理人から刺激を受けていたので「僕は料理人からの意見を取り入れてパンを作りたいと思います。フォションみたいな、料理もお菓子もパンもあるトータルな店がしたいんです」と言うと、荘司シェフは「僕も同じだ」と言ってくれました。いつか一緒にやろうって握手して。その時から、折々に荘司シェフを訪ねましたね。いつ行っても荘司シェフは歓迎してくれて話も弾むし、同じ方向を向いているのをすごく感じました。ある時、「やっぱり餅は餅屋。僕は料理をもっと極めるから、君もパンをがんばって」と言われました。僕もそうだと思い、フランス行きを決めたんです。

震災後フランスから帰国して、たまたま見た雑誌に荘司シェフが載っていたのですが、ものすごく痩せていたんです。もう、びっくりしてね。これは大変と、すぐ電話しました。荘司シェフはお元気で、「待っていたんだよ、一緒にやりたくて」と言ってくれたんです。震災をきっかけに、パンの素晴らしさを再認識して「僕が料理を完成させるには、パンをやらないことには始まらない」と。それで震災の翌年1996年に、荘司シェフと「ブランジェリー　コムシノワ」をオープンしました。開店する前から、こんなものをやろうな、こんなことをやりたいな、と2人でいろいろ話していたのですが、荘司シェフからのメッセージがすごかったですね。

僕は、荘司シェフから大きな影響を受けています。荘司シェフは、職人気質も持っているけれど、それ以上の楽しみ方というのか、人間として幸せってこういうのじゃないの、というメッセージがあるんですよ。自分が学んできたものや技術を披露したり表現していくのに、それをどういう風に表すのか、どうやって使うのかが、実は一番大事なことだと思います。たとえば、世界一のカラスミを買えても、「どうやって食べるの?」じゃしょうがないわけです。一番おいしい食べ方を知らなかったら、最高の食材の意味がない。逆に、一番おいしい食べ方を知っていたら、世界一のカラスミじゃなくても十分楽しめて満足できるかもしれない…もっとこんな風にしたら楽しいよ、こんな風に食べたらおいしいよ、と荘司シェフから教えてもらっている気がしますね。「線はまっすぐに描けなくてはいけないけれど、時にはあえて曲げて描く人になってほしい」と言われたこともあります。基本はしっかりできなければいけないけれど、基本にとらわれず、わざとはみだしたり、枠を飛び越えたりできるのがいいんだよ、と。

誰かと一緒に仕事する時は、その人のお菓子なりパンなりを理解することが大事ですね。その人が何を表現したいのか、それを理解しないと一緒に表現することはできません。誰かの店で働く場合も同じですね。

その後、もっとこんなこともやってみたいんだ、という荘司シェフと僕とのあふれんばかりの思いがあって、「ブランジェリー　コムシノワ　アンド　オネスト　カフェ」をオープンし、次に、もっとシンプルに無駄をそぎ落とした世界をやってみよう、と御影にもう1店出したんです。そのスタイルが理解されそうな場所として御影を選んだのですが、結果としてはそうならなかった。時代的に早かったのかなと思いますが、店側の体制も追いついていなかったかもしれません。閉店は残念だけれど仕方がないことでしたね。僕が学んだのは、2店舗目、3店舗目を出すのは難しいということ。思いがあって何でもできるけれど、何でもできるがゆえにスタイルが定まらないこともある。僕を含め、人がバラバラの思いで中途半端に関わったら、本店も支店もダメになりますね。

今、僕は「ブランジェリー　コムシノワ　アンド　オネスト　カフェ」一つになって落ち着きました。店が見渡せるから目が行き届いてまとめやすいし、フランスの大会に出たり、講習会へ指導に行ったりできます。ただ、僕が考えてきたこと以外に経営者として、気づいていないことが、まだあるかもしれません。

みんなの喜ぶ顔が僕の原動力。精神的なエネルギーがあれば登れる。

荘司シェフからは音楽や芸術的な表現、感性なども影響を受け最近は、指揮者の佐渡裕さんと知り合ってクラシックのコンサートへ行ったり、料理人の方たちとコラボレーションする企画に声をかけてもらったりもします。いろんな世界の人たちと知り合い、一緒に仕事させてもらうことで大きなエネルギーをもらいます。料理人と専門的な話ができるのは、荘司シェフと一緒に仕事をしてきたことが大きいですね。わからないことも多いけれど、思いきって何かをやってみることは、新しい世界へ飛び込んでいけるきっかけになるかもしれないですよね。自分が苦手だな、避けたいなと思うことだったとしても、むしろそういうところにこそステップを上げられる要素があるかもしれない。それに向かっていける精神的なエネルギーがある間は、もっと自分の幅を広げられるんじゃないかと思います。だから、僕はこれからも挑戦していきます。

みんなが喜んでくれる顔を見ること。自分自身が成功するだけが楽しいとは思えないんですよ。そして、表現や目的がなければというけれど、食べる人への愛情は忘れないようにしたいといつも思っています。表現の目的がお金儲けになってしまったり、自分の名を挙げるためだったら、それが本当に喜ばれることにはならない。人に喜ばれる仕事というのは、パン屋に限らず、愛情がなければ生まれないと思うし、伝わらないでしょうね。愛という言葉も不確かなものですが、愛情があれば何事にも通用すると思います。僕はシンプルに、その時にできる精一杯の思いでやっていきたい。僕が子どもの頃みんなに配ったミルクセーキみたいに、もしかしたら買ってきた缶ジュースの方がおいしい時があるかもしれないけれど、でも、思いは伝わるんじゃないでしょうか。

人生の上での一番大きな存在は、僕の奥さんです。僕が「広島アンデルセン」にいた当時、彼女は「タカキベーカリー」にいたのですが、その時は顔を知っている程度でした。偶然、彼女が仕事の関係で「ブランジェリー　コムシノワ」を訪ねてきたんです。話をしたら、頭がよくて返ってくる言葉も的確だし、僕も話しやすくて。しばらくして、南京町の「コムシノワ」の新しい店長を探すことになった時、彼女のことを思い出して「神戸に来ない?」って電話したのがきっかけで、彼女は店長になるんじゃなく僕の奥さんになりました。彼女の意見は的を得ていて、何気なく言った言葉でも、考えさせられることが多いので聞き逃せないですね。それに、さりげなく力になってくれています。僕には女の子と男の子がいるのですが、最近は子どもたちが言うことも参考にします。気づかされることが多いですよ。

パン職人になって、こんなにうまくいくとは思わなかった、というのが正直な気持ちです。家族がいて、まわりにいろんな人がいて、自分の思い通りにならないこともあるけど、人生トータルでみたら十分すぎるくらい。

ただ、菓子職人が山を登って素晴らしいお菓子に行き着くなら、僕のパンはまだ登れていない。あってないようなものです。歴史的な目で見れば、パンの製法がいろいろ編み出されて進化したように見えても、「パン」というひとくくりにしかならないですよね。でも、この「パン」という存在は、歴史上あと百年、千年先になったら、「昔、パンというものがあったそうだね」「人間はパンというものを食べていたらしいよ」ぐらいになっているかもしれない。それほど進化するとしたら、今のパンの進化はごくわずか、進化とも言えないと思う。小麦粉と水を練って発酵させたものがパンとしたら、それはずっと変わらないけれど、今では食事パンや菓子パンなどのジャンルに分類され、その中にバゲットやブリオッシュなどのバリエーションがある。パンそのものに変わる何かを考え出すことは僕には無理だけど、新しいジャンルを生み出す、それぐらいのところには登りたいですね。

Boulangerie Comme Chinois and Honest café
ブランジェリー コムシノワ アンド オネスト カフェ
住所／兵庫県神戸市中央区御幸通7−1−16 三宮ビル南館地階
電話／078−242−1506（ブランジェリー）
078−242−1502（カフェ）
営業時間／8：00〜19：00（ブランジェリー）
9：00〜19：00（カフェ）
定休日／水曜日
http://www.comme-chinois.com

der Akkord（アコルト）

松尾雅彦

「道を極めるためには自分を捨てる覚悟で臨め。」

原材料は100%オーガニック（無農薬有機栽培）に限定し、徹底的に安全とおいしさにこだわったパンやお菓子を作り、オーガニックの材料が手に入らない場合は、欠品にしている。また、全ての商品はマクロビオティックの考えに基づき、砂糖、肉・魚・卵・乳製品などの動物性のものすべて、イーストや重曹などの添加物は使わない。そうした姿勢が、根強い顧客をつかんでいる。常にパイオニアでありたいと望み、とことん突き詰める、松尾雅彦シェフのパン作りとは。

まつお　まさひこ

1964年生まれ、東京都出身。7年間のサラリーマン生活を経てパン作りの道に入り、2軒のパン屋で計3年間研鑽を積む。修業時代に出逢った西野椰季子の影響で、マクロビオティックを学び、一生の仕事と決める。選び尽くしたオーガニック素材のみで作るパンには、顧客から厚い信頼が寄せられている。完全穀物菜食を公私共に実践。

育った家庭は、特に自然食を実行していたとか、食べものに関心が高かったわけではないですね。わたし自身は、20代後半ぐらいから食に興味を持ち、30代に入ってマクロビオティックを始めましたが、それまではごく普通の食事をしていました。

わたしは、高校に入った頃から体の調子が悪くなりました。非常にだるくなってしまって力が入らないという状態で、3年制の普通高校に行っていたのですが、4年かかって卒業しました。

わたしはものを創ることが好きで、アマチュアのロックンロールバンドをやっていて、25歳ぐらいまではプロを目指していた。音楽を創造することにやりがいを感じていました。

バンドの道をあきらめて就いたのが人材派遣業。最初はアルバイトで入って、正社員になり、営業課長になり、支店長になって、辞められなくなってしまい、結局は7年間ぐらい続けました。

しかし、サラリーマン時代は疲れ果ててしまって、休日は、ただもうぐったりしているだけ。

なに一つとしてものを生み出さないことへのフラストレーションが、ものすごく溜まっていました。それをごまかすために酒を飲んでは二日酔いになり、薬でむりやりに抑えつけて、どうにかこうにか仕事をしていました。その繰り返しで、最悪の日々だったと思います。

当時はマクロビオティックなんて知りませんでしたし、完全な自然食をおこなっていたわけではありませんが、体の調子をよくするためには、食べものを変えたらいいのかな…とは考えていて、自然食品店にはときどき行っていました。

人生を変えた天然酵母パン

27か28歳のときでしたか、たまたま自然食品店で、硬くて酸っぱい、素朴なパンを食べました。天然酵母の田舎パン《カンパーニュ》、記憶が曖昧なのですが、たぶんノヴァさんのものだったと思います。

そのパンはかなり衝撃的だった。最初は「なんだろうな…このパンは」「こんなものが世の中にあったんだなぁ」という感じでしたが、次の瞬間においしいと感じられた。そして、すぐに「このパンが作りたい」と強く思ったんです。一種、運命的な出合いだったと思います。

31歳で会社を辞めて、修業先を探すために、北は仙台から南は神戸まで、ガイドブックと地図を片手に、2週間くらいかけて訪ね回りました。このときは車で寝泊りしましたね。

印象に残ったのは、今は辞められていると思うのですが、仙台の「ゾゾ」さんです。あとは、東京の「ルヴァン」さん、「徳多朗」さん、神戸の、「フロインドリーブ」さんですね。

とにかく、天然酵母とオーガニックの最良の原材料を使ってパンを作る、ということは決めていたので、東京の自家製天然酵母のパン屋に修業を申し込みに行きましたが、そのときは人がたくさんいたため雇ってもらえませんでした。

そこで、当時住んでいた家の近くにあった、ホシノ天然酵母のパン屋で1年間勉強しました。その後、もう一度自家製天然酵母のパン屋にかけ合うと、ちょうど人の入れ替え時期だったため、タイミングよく入ることができて、そこで2年間修業を積みました。

個人の資質や才能にもよりますが、パンを理解して、ひと通りのことができるようになるには、最低5年は修業が必要と思います。しかし、わたしは身につけるべきものは身につけたと思ったため、合計3年の修業で独立しました。

休日には、図書館と本屋に通い詰めて、日本にあるパンの本と発酵に関する本はすべて読破しました。

パンに使う天然酵母はサワー種にしようと考えていたのでが、この1冊で、サワー種のすべてがわかるという本は存在しなかった。今もそうだと思うので、現在自分で作っているところで、近く出版する予定です。

サワー種は、人類が
初めて使ったパンの
発酵種。
小麦粉、塩、水だけ
で作る、
潔いまでのシンプル
さが好きです。

余計なものを足さないというのは、マクロビオティックの観点からも素晴らしいこと。

もっとも魅力を感じるのは シンプルなサワー種

わたしにとっては、サワー種というのが一番魅力を感じます。ドイツ語でザワータイク、英語でサワードゥーといって、小麦粉、水、塩だけで作る自然に発酵する野生酵母のこと。太古の昔から作られている人類史上初のパンの発酵種です。小麦粉やライ麦粉で作る人もいますが、わたしは小麦全粒粉を使います。サワー種の中には、酵母だけではなく乳酸菌と酢酸菌も生きているため、出来上がったパンには特徴的な酸味があります。また、独特のアロマ（香り）をもつ、非常においしいパンが焼けます。

酸は他の雑菌の繁殖を押さえ、酵母が住みやすい環境を作るのに必要で、さらに焼成後のパンの日持ちをよくするという重要な働きを担っているのです。

小麦の酵母ですから、他の天然酵母に比べて発酵力があるため、製パン時に添加物が要らないという利点もあります。例えば、レーズン酵母にしても、酒種酵母にしても、いきなり麦に反応させるのは無理があり、砂糖や蜂蜜などの添加物を加えて、起爆剤にしてやらないと発酵しないし、時間もかかります。一方、サワー種の場合は、塩と水、全粒粉を挽いたものだけで、ある程度発酵する。余分なものが要らないのです。

さっき、サワー種について書いた本がないと言いましたが、それは、サワー種自体が大変にあつかいが難しく効率が悪いからです。イーストのように工業的に生産して、バーッと売るというわけにはいかないので、儲からない。「金にならない」ことなので、研究する人が出てこないのではないでしょうか。サワー種は冷凍もフリーズドライもできないので、経済効率が低いのです。

オーガニックのメーカーでも、天然酵母のフリーズドライタイプを作ってはいます。ちょっと使ってみたことがあるんですが、発酵力はものすごく強いけれど、匂いがすごくきつくて、サワー種の元気がないときに、ちょっと補ってやろうかなと考えて使ってみたら、逆にサワー種の元気を奪ってしまい、うまくいかなかったので、もう使っていません。

やる気のある人間は、自分から積極的に行動する

修業先の自家製天然酵母のパン屋で私の先輩に、現在、長野県の小淵沢で「セルクル」をやっておられる井手さんなどがいました。独立を目指して頑張っている人は、やはり探求心が強く、意欲があって輝いているなと感じましたね。

修業しているうちから、独立して頑張っていけるだろうと思える人と、そうではない人というのは、わかってしまうものです。働き方が全然違いますね。ただ言われたことだけをやっていればいいという考えと、自分から積極的に仕事をしようとする考えです。

一度聞いたことはしっかり吸収し、自分で判断して、身につけることができる

人は、よい仕事ができる。

いきなりそうなるのは無理でしょうが、半年から1年ぐらいたった頃には、そこまで成長していなければダメだと思います。いっぺん自分の考えの中に入れて、なるほどそういうことかと納得してやっている人と、やっていない人との差というのは、歴然と出てきてしまいます。

わたしも、よく、スタッフに「意味を考えなさい」「なぜ、こうやるのか、なぜ、この作業をするのかを考えなさい」といって、教育しています。でも、本当にやる人間というのは、言われる前に、必要なことをやっているんですね。やる気を持っている人間というのは、なんだかんだ言う前に、自分で考えて、もう、やっちゃっているんですよ、結局は。

目指したのは至芸を極めたパン作り

修業時代の3年間、わたしは超一流の腕を持ちたい、ただそれだけを考えていました。そのためには、知識を広めなければならないと思い、休みの日には、試作をしたり、他のパン屋さんを見学させてもらったりしました。自然農法の生産者や造り酒屋を訪ねたり、レストランを手伝ったりもして、自分で畑仕事するなど、とりあえず考えられるだけのことは、すべてやってみました。

修業は3年で終わったと言いましたが、本当は、あと5年くらいは続けたかったのですが、修業をしたいと思うレベルのパン屋が、もうどこにもなかったのです。

ならば、独立するしかない。けれど、資金はゼロ。仕方なくアルバイトをしながら、自宅でパン教室を始めました。同時に卸しと宅配も始めたところ、これが予想以上に好評で、さばききれないほどの注文をいただくことができたのです。確かな手応えを感じたわたしの内からは、自分の腕がどこまで通用するのか、もっと試したいという思いが、強く湧いてきました。本物のパンとはどういうものか、世間に知らしめたい。より多くの方に100％オーガニックパンの、本当のおいしさを伝えたいという、熱い思いに駆り立てられたのです。

店舗はなかなか見つからず、それでもあきらめずに探し続けた結果、青山によい物件を借りることができて、2002年2月2日にアコルトを開店しました。

カミサンが導いてくれた本物の食への入り口

映画や小説の中だけでなく、人生を変えてしまうような運命的な出会いというのは、現実にもあるもので、わたしにとっては、まず天然酵母パンとの出会い、そして、より大きな意義のある巡り合いが、西野椰季子《やすこ》とのそれでした。修業を始めて2年目、あるパーティーでたまたま知り合い、その後結婚しました。

出合った頃、彼女は既に10年以上もマクロビオティックを完璧に実践し続けており、料理研究家として活動していました。

マクロビオティックとは、古来より東洋にある陰陽論を基に、桜沢如一《ゆきかず》氏が食養法として世界に広め、大森英櫻《ひでお》氏が体系化したものです。日本よりも海外の方が普及度が高く、スポーツや芸術の世界でも多くの著名人が実践されています。カミサンは大森英櫻氏の奥様、一慧《かずえ》先生に師事して理論と料理を学んだのです。

わたしはまだ、マクロビオティックに目覚めていませんでした。カミサンからマクロビオティックの説明をされても、はじめは受け入れなかった。わたしは、絶対やらないって言ったんですよ。死ぬまで肉を食べ続けるって。でも、そう言いながらも、体の調子は当時、非常に悪かった。疲れやすく、体力がなかった。このままでは独立もできないと思いました。口では偉そうなことを言っても、その実、自信はなかったんですよ。

それになにより、カミサンの料理がおいしかった。いや、単なるおいしさを越えた「何か」を感じました。

それで、ちょっとマクロビオティックを試してみようかなと思ったんです。どこまで続けられるかはわからないけれど、彼女と出会ったのも運命なのかもしれないから、できるところまでやってみようかなと。そう思った日から、電子レンジとかつお風味のだしは捨て、それ以外の食べものを食べ尽くしたあとは、肉、魚、卵、乳製品は一切摂らない食生活、つまり完全なる菜食主義（ヴィーガン）に変えました。一人暮らしだったので、彼女に料理を作ってもらったり、アドバイスを受けて作ったりするようになったのです。

けれど、すっぱりと肉や魚を断ち切れたわけではありません。ときどき魚が食べたくなったり、ふと気がつくと、スーパーの鮮魚コーナーの前に立ち尽くしている自分に気がついたりする、そんなことがありました。彼女に隠れて食べたこともあります。この頃は、もう、ただ体調が悪いのか、それとも排毒がおこなわれているのか、わけがわからない状態でした。

排毒というのは、マクロビオティックの用語で、体内で血がきれいになろうという働きが起こり、そのため、一時的に体調が悪くなることをいいます。マクロビオティックを続ければ続けるほど、より血液がきれいになり、今まであまり気にならなかった老廃物を、より深いところまで出そうとします。つまり、体の根本から健康になれるというわけです。

マクロビオティックを始めた頃に熱が出て、2週間ぐらい引かなかったんです。これまでだったら、解熱剤を飲んでパッと熱を落としちゃうんですけど、化学的に無理やり解熱しても、結局、悪いものは体の中に残ってしまうんじゃないかという不安があって、薬は飲まずに治しました。それ以後、排毒を繰り返しながら、体調はよくなる方向へ向かっていきました。

ちょうど、何かを変えなければ、自分の将来はないと思っていたときでもあり、カミサンとマクロビオティックに出会うことができて、本当によかった、幸運だったと思います。

そして、今まで誰もやっていない100％オーガニックのパン屋をやろうと決意し、カミサンとアコルトをオープンしたのです。新しいこと、今までにないものを創り出すというのが、どうやら、わたしの原動力となるようです。人真似はいや。常にパイオニアでありたいのです。

材料の質は、なにがあっても落とさない

どこにもないパンを作るためには、十分な製パン技術や知識はあって当然。100%オーガニックと名乗る以上は、厳選した原材料を使い、余計なものは一切加えず、丹念に発酵をさせて、じっくりと焼き上げる手作りのパンでなくてはなりません。

安全とおいしさのためなら、材料と手間を惜しまないというのがアコルトのこだわりです。マクロビオティックの考えに基づき、砂糖、動物性のもの、イース

ト、重曹、ベーキングパウダー、保存料等の化学添加物は一切使いません。
水は山梨県産日本アルプスの天然水（涌き水）。硬度33・3の軟水でコクとまろやかさがあるのが特徴。pHは7・0で弱酸性のため、パンの発酵をほどよく抑える働きもあります。野菜を洗ったり、オーヴンやホイロの蒸気用には、元付けタイプの浄水器を通した水を使っています。

パンの3分の1は水分なので、水は想像以上に大事な材料で、使い方にも少しポイントがあります。サワー種は発酵力が弱いため、水が多いとベチャッとして、火通りのよくない、おいしくないパンになってしまいます。水をできるだけ少なく使えば、ふわっとしたおいしいパンに仕上げられるのです。

塩はパンに不可欠なもので、味や発酵の調整、腐敗防止、グルテンの強化など多くの役割があります。アコルトで使っているのは、フランス・ブルターニュ産のゲランドです。天日で干した海塩なので、海水に本来含まれているミネラルがそのまま残っているため、まろやかさと旨みがあり、素材の持ち味を引き出す力も大きいのです。

国内で唯一のカナダ産オーガニックの小麦、1CW。

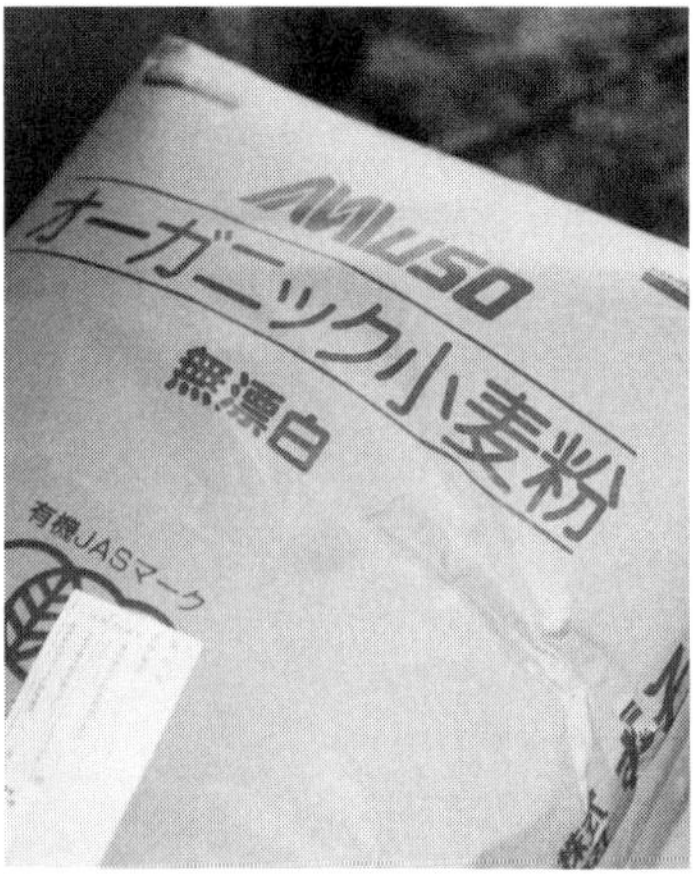

窯のびがよく、引きがあるパンらしいパンが作れるのが魅力。酸化させないために、玄麦で輸入して使う直前に挽いている。

納得いかない材料では、決してパンを作らない

農作物は、一度でも農薬を使ったもの、遺伝子組み換えのもの、ポストハーベストや、薫蒸したものは、すべて使いません。しかし、全粒粉は、非常に酸化しやすく、それを使用したパンは、おいしくありません。酸化を防ぐために、アコルトでは、最高品質の「1CW」を玄麦の状態で輸入して、使う直前に石臼で製粉した挽きたてを使用しています。

1CWとは、ナンバーワン・カナダ・ウェスタン・レッド・スプリングの略で、通称「マニトバ小麦」といわれる世界一のパン用小麦。世界的に権威のあるオーガニック認定機関QAIの日本支部の認定を受けています。サワー種と相性がよく、窯のびのよいパンらしいパンができるのが魅力です。

石臼で挽くと粉砕時の衝撃が少なく、粉の風味が残るという長所があります

が、小麦粉とふすまの割合が均等になりません。ふすまは小麦粉に比べて水分の吸収量が多いため、ふすまの割合が多いと生地が固くなる。ふすまと小麦粉の割合が毎日違うので、決まった分量の水を加えるのではなく、知識と経験に裏づけられた勘を頼りに、生地の状態を見ながら、水や粉の量を調整します。たいへん手間がかかりますが、それがオーガニックのパン作りの面白さでもあります。

小麦粉も、フルーツや野菜にしても、それぞれに自然にそなわった甘みがあります。素材の持ち味をできるだけ引き出して生かすため、焼き菓子やパイ、ケーキなどにも、砂糖やはちみつ、メイプルシロップ等の甘味料は一切使いません。

店にある食材はすべて100%オーガニックです。オーガニックの生産物の流通量が極めて少ない日本で、これを貫くことは、非常に厳しいです。市場の約0・1%、欧米先進国の約百分の一にも満たない、もちろん値段も高い。

欧米の場合は、たとえオーガニックのものといえども、一般的な農産物や製品の1・2~1・3倍くらいの値段、「ちょっと高いな」というくらいで手に入るんです。

ところが、日本の場合はいきなり倍からはじまるんですよ。2倍は当たり前、ものによっては3倍、ものによっては手に入らない。

日本は政治家をはじめ、みんなが環境について考えることをしていないと思います。けれど、これから変わりますよ。今までの間違った食生活のままで、あと百年も二百年も行けるわけがない。劇的は変わらないかもしれないけれど、全体の1割くらいまではオーガニックに変わってくるんじゃないでしょうか。

わたしは、安全でよい材料が手に入らないときは、欠品にします。今さら、危険で味の悪い低農薬レベルのもので代用する気にはなれません。というよりも、オーガニックの材料以外で作ろうなんて、考えられない。もしも、オーガニックの小麦がなくなったら、パン作りをすっぱりと辞める覚悟はできています。

カッコつければ、良心とか、誠意とか、使命感ということになるのかもしれませんが、そういったものを超えた、なんというか「性分」というもののような気がします。妥協するわたしを、わたしが許さないんですね。

壁は、ただ乗り越えればいい

オーガニックに興味を持ち、アコルトのようなパン屋を目指す方もおられるかもしれませんが、わたしはお勧めできません。何度も言いますが、材料を手に入れるのが非常にたいへんで、値段も高い。

まぁ、それでも、本当にやりたいと思っている人は、やってしまうでしょう。「やるな」と止めたって、突き進む。理屈ではないですからね。途中で挫折しないよう十分に計画を練ってがんばってほしいと思います。

辛いことがあったからといって、あきらめられるくらいの目標なんて意味がない。苦しいことを避けて、安易な道を辿って、本当に幸せになれるのでしょうか。人から尊敬されるのでしょうか。自分の道を進んでいるんだ！　という実感を持てることが幸せなのではないかと、わたしは思います。

わたしも、何度も壁に突き当たってきました。たとえば、店をオープンして間もなくの頃、小麦玄麦がなくなってしまったことがあります。当初予定していた農家さんの小麦が、見通しよりも早く終わってしまったのです。小麦がなければ、当然パンは作れず、サワー種を作るのにも絶対に必要なものなので、途方にくれました。

日本中の製粉会社、農家、輸入商社など、小麦を扱っているところを徹底的に調べて、残らず問い合わせましたが、オーガニックの小麦はなく、まれに見つかっても、いざ使ってみると、酸化していて使いものにならない。とうとう崖っぷちに立たされました。考えた末に、取引先のオーガニックの輸入会社に無理やり頼み込んで、カナダから直接空輸してもらったのです。

それが1CWという最高の麦でした。グルテンは高く、味もずば抜けてよく、酸化もしていません。これほど高レベルの玄麦は、見たことがありませんでした。小ロットでの輸入のため、値段はべらぼうに高くなってしまいましたが、パンのレベルを落とすことだけはできません。

壁は、乗り越えるしかないんです。誰だって壁にぶつかりたくなんかない、わたしも避けて通れるならば避けたいです。でも、目の前に立ちはだかられたら、生き抜くためには、必死でよじ登って越える。ただ、それだけです。

これから独立を目指す人、特に本物のオーガニックのパン屋をやりたいと、本気で考えている人ならば、アコルトは最適の職場だと思います。

わたしは、パン作りの経験は問いません。基本的に自分自身で仕事を理解し、行動できる人がいいと思いますね。うちは授業料をいただいて教える学校ではなく、プロの仕事場ですから、なんでも「教えてください」という受身の考え方の人は不向きです。こういったことは、どんな職場でも共通していると思いますけれどね。パン作りは、体力的にハードで、とっさの判断力を要する仕事なため、基礎体力と柔軟な思考力を持つ人、常に前向きで、行動力のある人と一緒に働きたいと思います。

わたしが7年前にアコルトを起ち上げたのは、ただ単に、世の中に「100％オーガニックのパンは、本当においしい」ことを知らせたかっただけではありません。土地の生態系を破壊したり、悪化させるようなことなく育てられたオーガニックの作物、それを使ったパンや製品を販売することで、食べてくださる方が、愛に満ちた、創造的で意味のある生活を送れて、生産者がよりよい作物を作り続けていくための手助けができたら、という思いもあったのです。

オーガニックのパンを作りたいという人には、自分がパンを作って食べていただくことにどういう意味があるのか、社会にどう貢献できるか、そういったことも考えてもらいたいですね。

独創的な工夫と努力なしでよいものは生まれない

1年程前から、パンに入れるサワー種（酵母）の量を減らしました。すべてのパンに関して、40％加えていたものを10％減らし、30％で仕込んでおり、結果は非常に良好です。

酵母はグルテンの力を弱める作用があるため、酵母を減らすことによって、パン全体のグルテンが上がり、膨らみのよいパンが出来上がります。

世界中の、サワー種を使ったパン作りの本のどこにも、サワー種を40％以下で仕込むレシピは見当たりません。40％以上にしなさいということは、書いてあっても、40％以下にしても大丈夫だということは、どの本にも書いていない。

つまり、常識を超えた製法でアコルトのパンは作られているということです。開店してから7年が経ち、やっと酵母の調子が安定してきたためにできる離れ技だと思います。酵母は仕込んだあと、できるだけ早くフレッシュな状態で使ったほうが、絶対にいい。そのため、休日出勤をして酵母のかけ継ぎをしていることも、酵母の状態をよくしているのだと思います。

種類を増やしていきたいのは、ドイツパンタイプのハード系、しっかりとした食事パン系。日本のお総菜とも相性がよいと思います。

店名のアコルトとは、ドイツ語で「和音」のこと。高さの違う2つ以上の音が重なり合って、ひとつの響きを奏でることをいいます。複数のおいしい食材が重なり合い、ひとつのパンとなって素晴らしい音色を奏でるようにと、名づけました。よりおいしく、美しい音色を響かせられるように、妥協せずに自分を磨き続けていきます。

der Akkord
アコルト
住所／東京都渋谷区神宮前5－45－5
電話／03-6419-2928
営業時間／11：00～18：00
定休日／毎週水曜日、第3火曜日
http://www.der-akkord.jp

ムッシュイワン

小倉孝樹

おぐら　たかき

1956年、東京都生まれ。75年、ホテルパシフィック東京入社。89年、浅草ビューホテル ベーカリーシェフに就任。95年、同ホテル ベーカー長就任。2006年、東京・立川に『ムッシュイワン』を開業。『ベーカリーカフェ ポラリス』3店舗をプロデュースし、取締役最高執行役員として計4店舗の総指揮をとる。

「我々はプロの技術者。プライドを持つことだ！」

洋食のコックになりたくて、ホテルに就職し、独学でフランス語も勉強していたという小倉シェフ。ベーカリー部に移って、ホテルのパンのおいしさに心底感動しながらも、パン職人になる迷いもなかなか消えなかったという。そんな小倉さんをホテル時代はもちろん、辞めてからも励ましてくれたのが、ホテルのパンの父と呼ばれた福田元吉氏だった。

僕は東京・立川に『ムッシュイワン』というベーカリーカフェを開きました。ムッシュイワンとは、日本のホテルベーカリーの創始者であるパン職人、イワン・サゴヤン氏のことです。

僕の師匠であり、「ホテルパンの父」といわれた故・福田元吉氏は、サゴヤン氏からパンづくりの技術を学びました。僕は、福田の親父（福田元吉氏）が培ってきた伝統の技術を次世代に伝えていきたいという思いを込めて、サゴヤン氏の名を店の冠にしたのです。

先日、ある若いブーランジェと話しをしたとき、こういわれたんですよ。「小倉さんは、いろんなところでよく福田元吉さんの話しをされていますね。本当に尊敬されている方なんですね」と。「僕はそんなにあちこちで福田の親父の話をしているかなぁ」と笑ってしまったんですが、確かに僕の人生を決定づけた、師と仰ぐ偉大な人です。福田の親父に出会わなかったら、僕はパンの世界に入ることもなかったんですから。

子どもの頃は音楽漬けの毎日。高校時代はコックを目指していた。

僕が子どもだった昭和30~40年代は、今のようにお洒落なパン屋はもちろんなくて、パンは大手製パンメーカーの系列店で買うことがほとんどでした。ガラスケースにコッペパンや菓子パンが並んでいて、「サンドイッチ用の食パンをくださ い」といえば、その場で薄くスライスしてくれるような。僕もそんなパンを食べて育ちました。

子ども時代は、パンとはまったく無縁の生活でしたね。子どもの頃に僕が熱中していたのは、音楽です。通っていた都内の区立小学校がたまたま音楽活動に力を入れていて、フルオーケストラをやらされました。僕が担当していたのはトロンボーンです。定期演奏会などもしょっちゅうあって、朝も放課後も土・日も、ただひたすら練習していました。合唱コンクールにも参加させられて、なんだかいつも唄っていましたね（笑）。そんな音楽漬けの日々で、遊びたい盛りでしたが、音楽が大好きですごく楽しい毎日でした。子ども時代に本物の楽器に触れていたことは、情操教育の面ではよかったんじゃないかな。何でもいいから本物に触れて五感を養っておくことは、大人になったとき何かの役に立つと思います。

音楽を始めた4年生頃から、性格も変わりました。それまでは内向的な性格で、友達ともうち解けられなくて、いつも仲間はずれにされているような子だった。それが、音楽を始めたことで同じ目的を共有できる友達がたくさんできて、そこからはちょっとやんちゃな少年になりました。当時の担任の先生からは、「小倉くんは性格が素直だね」などと言われてましたけどね。

ホテルで働こうと思ったのは、高校生のときに始めたアルバイトがきっかけでした。レストランや喫茶店で調理補助のバイトをしていて、しみじみと「あぁ、僕は料理をつくるのが好きなんだな」と思った。それで、店のマスターに「料理人になるには、どうしたらいいんですか」と聞いたたら、「それなら、ホテルへ行って修行しろ」と。それで、ホテルのコックを目指すことに決めたのです。

カリスマ的存在だった福田元吉氏との出会い。

僕が就職した1975年は第一次オイルショックの時期で、まさに就職難の年。ホテルで働きたくても調理の求人はほとんどなく、あったとしても、最初の3年間はサービスマンなど他のセクションで働くという条件付きでした。それを承知で入ったのが、『ホテルパシフィック東京』です。

最初に配属されたのは、宴会の洗い場でした。この仕事がすごく大変で、夜遅い時間からが忙しく、大きなディッシュウォッシャーを扱うので蒸気の熱さもすごかった。もともと働いている派遣の人たちは私たち新人を厳しく扱うし、入社して3ヵ月で早くも「辞めたい」と思うような状況でした。

それでも、空き時間があればキッチンへ行って、先輩の手伝いをやらせてもらえました。ある日、いつものようにキッチンにいたら、背の高い帽子を被った眼光の鋭い人が僕に近寄ってきて、「おまえ、パンをやらないか?」というんです。その人こそ、当時のベーカー長、福田元吉氏でした。

でもその頃の僕は、福田の親父のことを知らなかった。だから、「この人は何を言っているんだろう? なんで僕がパンを?」という感じでした。僕は洋食のコックを目指していて、そのために独学でフランス語も勉強していた。パンなんて、まったく興味がありませんでした。

ただ、当時は洗い場の仕事が本当にイヤでイヤでたまらなかった。「早くこの生活から抜け出したい」。そのためなら、もうパンでもいいや」と、洗い場の仕事から逃れたい一心で、ベーカリー部へ行くことに決めたのです。パン屋に入った経緯がこんな理由だったなんて、今うちの店で働いている若い人たちには言えないですよね(笑)。

ベーカリー部に移ってからも、仕事は単純作業ばかりでした。先輩が丸めた生地をバンジュウに移したり、百貨店に卸す分のパンを仕分けしたり。当時は先輩たちが使った油だらけの雑巾も、タワシを使って全部手洗いしていました。そうして1年ぐらいすると、今度は窯をやらせてもらいました。

当時は天板が10枚一度に入る大きな平窯を使っていて、今のオーブンのようにガラス扉でなく、覗き窓はすごく小さいから焼き上がりの見極めが難しかった。今考えても、昔の平窯を使うテクニックはすごいものでした。僕らはまだテクニックがないから、ちょっとでも焦がしたパンは全部捨てられてしまい、すごく苦労しました。

パンに対する知識がまったくないままこの世界へ入りましたが、初めて食べたホテルパンのおいしさは、今でも忘れられません。特に、クロワッサンやデニッシュを食べたときは、「世の中にこんなにうまいものがあるんだ」と感動しました。デニッシュはそれまでにも食べたことはあったけど、たぶん町場の店のデニッシュはマーガリンを使っていたんでしょうね。バターを使ったホテルのデニッシュは、風味が全然違いました。あと、ハードロールというディナー用のパンもうまかったなぁ。バゲットの生地とは違い油脂が入っていて、スチームを入れて焼くので表面はパリッとしているんです。焼きたてにバターをつけて食べるのが、最高においしかった。当時、町場のパン屋とホテルでは、パンに歴然とした差がありましたね。ホテルは上質な食材を使っていて技術も上で、町場のパンとは別物のようでした。

怒られ続けた、ホテルの修行時代。

それからずっとベーカリーで働き続けましたが、僕はどうしてもパン屋に対してプライドが持てませんでした。当時、ホテルには暗黙の序列があって、料理人の中でもベーカリーの人間は格下と思われていたんです。コックの先輩たちによく言われましたよ。「パン屋はいくら頑張ったって、グランシェフ（総料理長）にはなれないんだ」って。ホテルではやはりコックが華なんです。

でも、僕が師事した福田の親父だけは別格でした。当時、『ホテルパシフィック東京』のパンは料理より名が通っていたし、「パシフィックに福田あり」といわれ、一目置かれていました。今でいうカリスマシェフのような存在でしたね。テレビ局や出版社もパンに関してコメントが欲しいときは、必ず福田の親父のところに来ていました。バブル期に入ってホテルの開業ラッシュがおこったときも、新しいホテルができるたびに、「どういうパンを出したらいいか」「いい人材はいないか」と、みんな福田の親父のところに聞きに来た。親父が「ホテルパンの父」といわれたのは、そうしたことが所以です。

福田の親父のパンに対する愛情の深さはもちろんのこと、パンをつくる人に対する愛情というのも、すごいものがありました。辞めていく人間にも本当に親身になって、次の職場を探していましたから。ただし、仕事に対してはとにかく厳しかった。特に僕は、いつも何をやっても親父に怒られていましたね。僕ばかり怒られるので、「きっと親父に嫌われているんだ」と思っていたくらいです。でも、今考えると、親父は僕の性格を見抜いていたんだと思うんですよ。小学校の担任にもいわれましたが、僕は性格が素直だったらしい。だから、怒られ役にされていたんじゃないかなって。でも、当時はそんなことわからないから、何とか理由を付けて辞めてやろうということばかり考えていましたね。

それでもなんとなく仕事を続けて、パンづくりは好きになっていったけど、やはりパン屋にプライドは持てないままでした。それで、入社から8年ぐらい経ったとき、親戚筋で僕に店を一軒任せたいという話があり、ホテルを辞める決意をしました。そのとき、辞表を出しに行ったら、なぜか福田の親父にものすごく引き留められて、「本当はおまえを上の方の人間にしたかったんだよ」というんです。親父から初めてやさしい言葉をかけられたのが、辞めるときでした。そして、辞める日に「これはおまえにやる」といって、福田の親父が写った大きなパネル写真をくれたんです。僕はそのときピンとこなかったんですが、このパネルをもらったのは、たくさんいる親父の弟子の中で、たった二人だけだったそうです。この写真は現在、『ムッシュイワン』の店内に大切に飾ってあります。

僕がホテルを退社して店を始めてからも、福田の親父は頻繁に電話をかけてきて、「店は大丈夫か」と心配してくれました。ホテルを出て初めて、福田の親父が本当はすごく温かい人だってことに気がつきました。

ホテルのベーカリーのトップになって、苦労したこと、乗り越えたこと。

ホテルを辞めて町場のパン屋で働きましたが、結局またホテルに戻りたくなって、福田の親父のところに相談に行き、東京・浅草にある『浅草ビューホテル』のスーシェフとして働くことになりました。そして2年半後の平成元年、ベーカリーリーシェフとして初めてトップに立つことになりました。

その年、都内に、あるホテルが華々しくオープンしました。このホテルは非常に優秀なスタッフを揃えて、メディアでもたくさん紹介されて、一躍脚光を浴びた。我々にとっては驚異の存在で、このホテルに負けたくない一心で「シェフとして頑張らなければ」と気合いを入れました。

ところが、下のスタッフはそうは思っていなかったんですよね。みんなは前のシェフについていたけど、僕にはついていきたくないという感じでした。前のシェフは保守的で堅実にやるタイプだったのに対し、僕はどちらかというと新しいこともしたいというタイプ。下の人間からすれば「あいつは何を考えているかわからない、あいつの下では働きたくない」というわけです。特にスーシェフは僕のことを批判し、馬鹿にしているところがありました。僕がシェフになった当初は、みんな気持ちがバラバラでしたね。この職場を紹介してくれた福田の親父にも、さんざん怒られました。「部下も統率できないで、シェフになって有頂天になるな！　まずは実績を積め！」と。僕は確かに未熟だったんです。彼らから見たら、まだまだだったと思う。ようやく目が覚めました。

それでどうしたかというと、とにかく下のスタッフに対して、率先してニコニコと元気よく挨拶をしました。「朝早くからごくろうさん！」「ありがとう、お疲れさん！」と。そして、どんな仕事も自分から率先してやるようにしました。みんなからの信頼を得るためには、それしかないと思ったのです。

その結果、僕を最初に「チーフ」と呼んでくれたのは、一番僕を批判していたスーシェフの彼でした。彼は、「朝からあんなにニコニコと挨拶されたら、やる気を出さないわけにいかないですよ。小倉さんはトップになってこんなに力を発揮する人だとは思いませんでした」といってくれました。

そこからはスタッフ全員で一致団結し、「とにかくあのライバルホテルには負けたくない、うちのパンのおいしさを認めさせたい」という気持ちで、一生懸命パンをつくっていましたね。レストランで出すパンを改良してもっとおいしくしようとか、パンに合わせるフロマージュも自分たちで選ぼうと、チーズの勉強もしました。やがて、ディナーで出す小さなカンパーニュが人気となり、食事をしたお客様がよくお土産に買って行くようになりました。

新しいことにもいろいろとチャレンジしました。たとえば、ホテルで行われる結婚式の引き出物に、焼きたてのパンを取り入れようと2~3年越しで提案し、晴れて実現しました。結婚披露宴の日は、一度に何百セットも用意するんですから大変です。朝早くからみんなでパンを焼いて、会場でカゴ詰めして、パソコンで自作した両家の名前入りカードを付けてラッピングして。それが爆発的に売れまして、婚礼の宴会全体の約半分は採用してくれました。浅草はお寺もあるので、法要の際のお土産用も用意し、これもよく売れました。

あるとき、有名ホテルの社長や総支配人が集まる会があり、それに出席したうちの社長が鼻高々で帰ってきました。「名だたるホテルの社長さんたちが、〝おたくはパンがうまいね〟といっていたよ」と。それを聞いてすごく嬉しかったですね。こんなふうにしてうちのホテルのパンも、少しずつ世に認められるようになっていきました。

福田元吉氏が培ってきた技術を守る。

そうして、『浅草ビューホテル』で約10年間働き、ベーカリーシェフからベーカリー&ペストリーシェフ、最終的には調理部副部長まで務めました。パンづくりはやればやるほど面白いし、会社も評価してくれた。でも、その頃にはバブルも崩壊し、ホテル全体にもリストラの嵐が吹き荒れていました。そして、お世話

音楽漬けだった小学生の頃。
遊ぶ時間はなくても、
毎日が楽しかった。

小学校６年生頃（左から３番目）。臨海学校でオーケストラ練習を。

になった先輩にもリストラを宣言する地位に自分が立たなければならなくなったとき、僕にはそれだけはできないと思った。そんなこともあって、ホテルを退職することにしました。

その後、ある縁で東京・府中のインストアベーカリー『ルヴァンドール』を統括することになり、その後、東京・立川に新しく開業するショッピングモール内に、『ムッシュイワン』を立ち上げました。

先にもお話ししたように、この店は、僕が福田の親父から学んだ技術を継承していきたいという思いで開いた店です。

なぜそう考えたか。バブルがはじけたときには、有名ホテルがパンを外注しはじめ、外資系のホテルは若いシェフをどんどん使って、昔とは違った発想のパンをつくるようになっていました。そんなとき、「福田の親父がつくり上げていったホテルパンは、一体何だったたんだろう?」と考えたんです。ホテルパンの伝統製法を守ることは、コピーではなく技術継承であると、親父は生前話していました。だから、福田の親父に怒られながら習った僕らが、その製法を継承していかなくてはいけないんじゃないかと思った。ホテルパンの製法とスピリッツは守り続け、さらに、時代に合った新たな取り組みも入れていく。そういう店にしたいと考えました。

福田の親父が大事にしていたことは、「パンは手づくりに始まって手づくりに終わる」ということです。つまり、パンづくりの基礎ですね。生地の丸め一つ取っても、分割と成形の丸め方は違うのに、それすら知らずにやっているプロがいる。パンの外見ばかりにとらわれて、基礎を軽んじてしまってはいけないんです。今はモルダーなど便利な機械がありますが、うちは今でも機械を使わずに手作業でパンをつくっています。

それから、福田の親父はパンの香りをすごく大切にしていました。香りを引き出すため、粉のブレンドや発酵種についてよく研究をしていましたね。「パンは発酵食品であり、香りを引き出すためには熟成が大事だ」ということをいっていました。

いまは町場のブーランジェリーでも、長時間発酵によるパンづくりが行われていますが、親父は昔からこの製法を使い、じっくりと種を熟成させた香り高いパンを焼いていました。

福田の親父は「生地を丁寧に扱え」ということもよくいっていました。昔、ホテルではあたり前のようにアンダーミキシングでやっていましたが、町場の店では効率よくパンをつくるため、ミキシングをバンバンかけて発酵時間を短くしていたようです。ミキシングが長いとグルテンが出過ぎてしまい、後々生地にストレスがかかったり香りが飛んでしまったりする。パンというのは、発酵で育ててつくるものであって、ミキシングでつくるものではないんです。リュスティックというパンがありますが、これは粉に水と塩と種を入れて混ぜた生地を折りたたみ、時間をおいてまた折りたたむのをくり返してつくります。気泡がつぶれてしまうので、丸めてはいけない。こねなくても折りたたむだけで、じっくりと発酵していくんです。これが、パンづくりの原点ですね。そうやってつくることで、より深い味わいが出せるのです。

「伝統の味を伝える難しさを痛感する日々。」

『ムッシュイワン』の商品ラインナップは、まず福田の親父から引き継いだ伝統のフランスパンやイギリスパンなど、これが骨格です。しかし、そういうパンは、パンを食べ慣れている人にしか受け入れられないのが現状です。

ヨーロッパと違って、日本におけるパンの文化は浅い。日本人がパンをどうやって食べるかといったら、朝のトースト、それとおやつですよね。だから、コンビニやスーパーでは、小腹を満たすような菓子パンや調理パンがズラリと並んでいます。日本人の約8割は、そうしたいわゆる袋パンを食べていて、そういう人たちは、うちの店に来ても直感的に味がわかるパンしか買っていきません。ハード系のパンはなじみが薄く、バタールを一つ取っても「これはバターが入っているパンなの?」と聞いてくるぐらい、パンの知識はまだまだ低いレベルにあるといえます。

そういうお客様がほとんどという中で、パンをつくって売る我々は、本当のパンのおいしさをわかってもらえるような環境をつくっていかなければならないと思うんです。1年に1～2%でもいいから、わかる人を増やしていきたい。そのためにうちの店では、店内でパンを試食してもらったり、セミナーを開いたり、ハード系パンの売り場にパンに合う料理のレシピを置いて、食べ方の提案をしたりしています。日本では夕食のときにパンを食べる習慣はまだなくて、我々としてはそういう面でのジレンマはある。そんな中でも、すべての人が月に1～2回ぐらいはパンを食べてくれるよう、努力していく必要があると思うのです。

僕たちは、つくることだけで満足してはいけません。料理人でもパン屋でも、つくることだけに専念してしまうと自己満足に陥りやすく、非常に危険です。お客様の顔を見て、いまどんなものを食べたがっているのか、その時その時において察知すること。なおかつ、その域からさらに自分がおいしいと思うパンを勧めていけるようにすることです。お客様が欲しいパンと我々がつくりたいパンに温度差があるのはわかっています。だから、自分たちが売りたいパンがあっても、まずお客様が欲するパンを我々は受け入れることです。そして、「このパンもおいしいけれど、こういうパンもどうですか?」というところまで持っていけたらいいですね。繁盛している店のラインナップを見ると、ハード系のパンばかりを並べている店は少ないでしょう。やはり、お客様の求めているパンもきちんと置きながら、自分たちが食べて欲しいパンも上手にアプローチしていくことが必要なんです。

「数年でもいいから、基礎を積める環境に自分を置く。」

いまのパン屋に必要なのは、基礎だと思います。今の若い人たちは情報をたくさん持っていて、天然酵母のおこし方なども含めて、レシピがたくさん出ているし、その気になれば我流でもパンはつくれてしまうでしょう。独学でパンづくり

福田の親父によく怒られた。
あんなに愛情を持って
怒ってくれる人はいなかった。

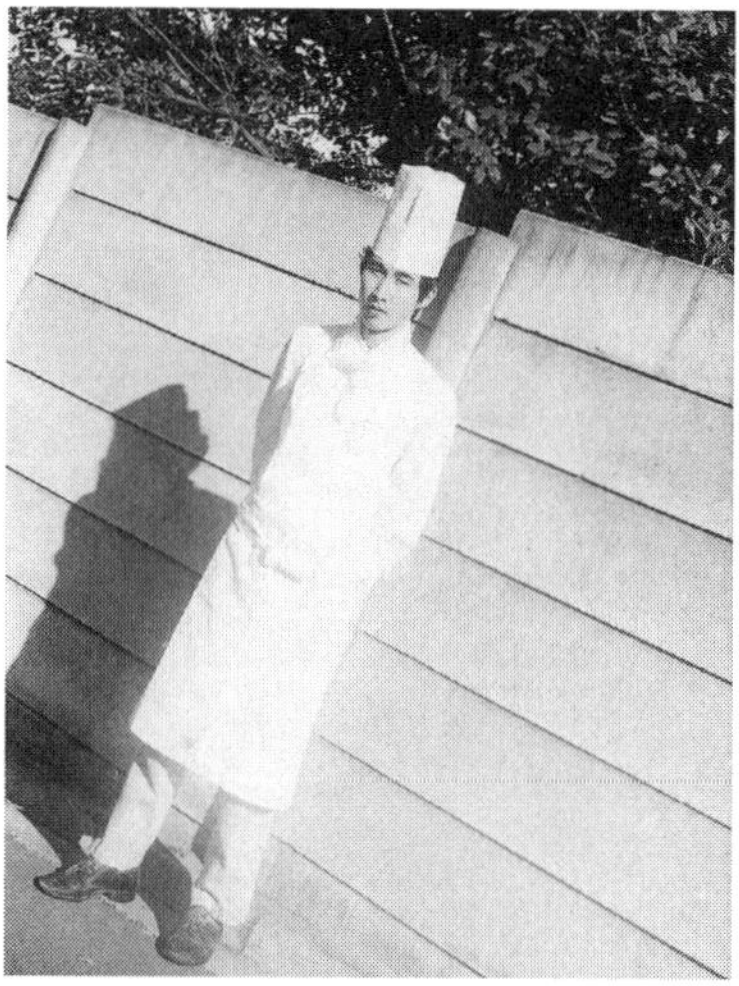

ホテルパシフィック時代。19歳。

を勉強してパン屋を開き、成功する人ももちろんいるけれど、やはり基礎を積んでおくことが必要だと、僕は思います。数年でいいから、基礎になる地道な仕事、たとえば丸めとか、そういう作業をきちんとこなせるような環境で働いた方がいい。パンづくりの基本を飛び越えて、応用から始めた人がつくるパンは、基礎を積んだ人のパンと比べて、形は同じでもうまさに欠けるんです。いま、そういうパンがすごく多いと感じるし、そういう店は5年10年と果たして人気が続くのか、疑問に思います。

実際に店が繁盛していても、何年か経つうちにいつの間にかなくなって、淘汰されてしまうケースが増えています。それはやはり、つくり手の技術、基本がしっかりできていないからだと思う。うわべだけでやっていれば、数年は持ちこたえられるけど、本当の結果が出るのは、10年後15年後なんじゃないでしょうか。やはり、基礎を積んでおくことは絶対なんです。

これから独立開業したい人に伝えたいのは、今は知識ばかりが優先する傾向にありますが、そうでなく、自分がやってきたことの中で、常に70点のものを毎日つくり続ける努力をして欲しいということです。いつも１００点のものを出すのは並大抵のことではないし、そうかといって50点でもダメ。私は常に70点のものをいかに毎日作り続けるかが大事だと思います。

僕が好きな言葉は二つあります。まずは「継続は力なり」。やはり製販一体化できるようなお店づくりが大事で、つくり手はいつもお客様のことを考え、商品がお客様と会話できる「商品力」をつけることです。そのために必要なのが「継続」で、いつも70点のものをちゃんとつくり続けられるかどうかです。

それと「一期一会」。お客様との出会いを大事にするということです。来店したお客様一人ひとりに対して、いかに誠心誠意込めて接することができるか。それを続けることができれば、きっといい店になると思います。

立地が悪くて最初は売れなくても、やはり自分の店にしかないパンを地道につくっていくことです。僕はそう考えて、毎日パンをつくっています。うちみたいに流行を取り入れない店は、なかなか思うように売れなくて大変です。でも、亀のようにゆっくり歩んでいって、10年後、確実に今より1・5倍ぐらいの売り上げになっていれば、それでいいのではないかと考えています。

「これからもずっと、パン屋の地位向上を目指していく。」

パンの文化は浅いけれど、味にはうるさいのが日本人です。それに、欧州の人と違って、いろんな国のパンが食べたいという欲張りな面も持っています。そう考えるだけでもパン屋には様々な苦労があり、店を続けるのは大変なことです。

僕が重視しているのは、末永く地域に溶け込める店づくりができるかどうかです。パン屋の使命は、店から500〜1㎞の範囲内に住むお客様に来ていただき、愛されることです。ヨーロッパでは、市民から「パンを焼いてくれる人がいなければ、僕らは生きていけないんだ」といわれる。パン屋はある意味、その町に住む人々に尊敬されていて、市民の食生活を担う重要な存在になっています。

日本ではそこまではないですが、「僕らはみんなの食生活を担っているんだ」ぐらいの気持ちで、地域の人のために毎日おいしいパンをつくるという使命感を持って続けていくことが必要なのではないでしょうか。

ホテル時代はパン屋でいることにプライドが持てず、それからずっと「パン屋の地位向上」を目標として掲げていました。「メインになるのはパンじゃなくて料理。パン屋より料理人の方がやっぱり上なんだ」と、僕は思っていた。それと同じことを日頃から感じている人も、少なからずいるのではないかと思います。「ホテルパンの父」といわれた福田の親父が培ってきた技術は、一つの伝統芸能だと、僕は思っています。歌舞伎の世界と一緒です。伝統を重んじて継承しながらも、現代にオリジナルの歌舞伎があるように、パンもトラディッショナルな技法を守りながら、新しいエッセンスも取り入れてつくる。歌舞伎と同じように、パンづくりもそうやって継承していくに値する、立派な伝統芸能です。

パン屋で働く人はこれからもプライドを持って、おいしいパンをつくり続けて欲しい。「我々はプロの技術者なのだ」という誇りを持って。

ムッシュ イワン
小倉孝樹

BAKERY CAFE monsieur IVAN
ベーカリーカフェ　ムッシュイワン
住所／東京都立川市若葉町1－7－1　若葉ケヤキモール内
電話／042－538－7233
営業時間／10：00～20：00
定休日／年中無休
http://www.ivan.shop-site.jp

パン工房 風見鶏

福王寺明

ふくおうじ　あきら

1960年生まれ、埼玉県出身。高校時代からパン店でアルバイトを始め、卒業後、正社員となり、在職中に「日本パン技術研究所」で製パンを学ぶ。87年、独立して埼玉県に「パン工房風見鶏」をオープン。自身が研究・開発した「ホシノ天然酵母」を使ったパンが、好評でプロや開業希望者向け講習会の講師としても活躍している。

「現状に安住することなく、常に進歩し続けたい。」

大きな挫折などはなく、順風満帆にパン職人としての人生を歩んできたといえるが、もともと自己表現することが好きな福王寺には、指示される通りのパンを作り続けるだけの会社勤めは、疑問と忍従の10年間だった。独立後は、空に放たれた鳥のように、のびのびと自分の作りたいパンを作り、現在の品揃えは100点前後にも上る。探究心も旺盛で、天然酵母や粉をはじめとする材料の研究に余念がなく、国産小麦を使った、日本人の味覚に合うパンを開発し続けている。

この業界に入ったきっかけは、高校3年生のときのアンデルセンの系列店「リトルマーメイド」でのアルバイトです。友だちに誘われてなんとなく始めて、最初はレジなど、接客担当でしたが、これが性に合っていて楽しかったですね。

お店に慣れてきたら雑用を兼ねて裏に回されて、それが、だんだん奥へ奥へと回されるようになり、「人がいないから、ちょっとお前作ってみろ」という感じで、サンドイッチを作る、カレーパンを揚げるといったことをさせてもらいました。面白かった。販売も楽しいと思ったけれど、「作って、なおかつ売る」というサイクルにとても魅力を感じました。当時は、正社員、アルバイトの区別なく厳しくて、怒られっぱなしだったけれど、逆にやりがいを感じました。フランチャイズ方式のベイクオフショップだったため、「パンは、一体どうやって作るんだろう」という興味が湧き、粉からパンを作ってみたくなったのです。

高校は工業系に行っていたのですが、わたしが卒業する頃には、日本の機械製造業は下り坂に入っていたため、卒業後にリトルマーメイドに就職をすることは、両親も賛成してくれました。

入社後には、「日本パン技術研究所」に入学させてもらい、3か月間、パン作りの実技と理論をみっちり学ぶことができました。日本全国の企業から、いろいろな人が研修に来ていたため、情報交換ができたことも大きな収穫でした。

「自分のパン」を作るためには独立するしかない

わたしは、勤めを続けながら、自分でパンの研究を続けて、今、店で作っているパンよりもおいしくなる配合や手法を考えていました。しかし、大きな組織の中で、しかもまだ役職にも就いていない立場では、会社に対して提案することもかなわず、どうにも身動きがとれなかったのです。

会社勤めをしていて辛かった、というよりも、歯がゆかったこと、悔しかったことが、自分の思い通りのパン作りができないということでした。粉も、たくさん種類があるのに、レシピ通りにあげなくちゃいけない。レシピを変えると、「店の味」ではなくなってしまうからです。「なぜ、この粉じゃなくちゃいけないんだ?」「こういう風にすれば、もっとおいしくなるのに」という疑問がと不完全燃焼感がつのりました。

ですから、早く独立したいと思い続け、1987年に退職し、希望通りに「パン工房風見鶏」をオープンすることができました。10年間企業に勤めていたので、もう、このへんでいいだろうと思ったからです。

場所は、埼玉県の東浦和。隣町の川口で生まれ育ったわたしから見ると、浦和は山の手のイメージがあり、憧れの土地だったのです。知り合いの企画会社に依頼して、どのくらいの売り上げが期待できるか調査してもらったところ、見込みが出たのと、店の周りにマンションがどんどん建設されていたため、そこそこ売り上げが伸びることを予測して決めました。2003年には、500メートルほど離れた角地によい物件が出たため、移転しました。

「風見鶏」は、神戸の「フロインドリーブ」さんがモデルになった、昔のNH

Kのテレビドラマのタイトルからとりました。実際に風見鶏という屋号のパン屋があるのかと調べたら、なかったんですね。パン屋といえば風見鶏、というイメージがあったのと、屋号は漢字にしたかったので、この名前をつけました。ちょうどバブル期で、オープン当初から売り上げは順調でした。

この頃作っていたのは、生イーストやドライイーストを使ったごく普通のパン。天然酵母パンは、自然食に関心のある、ごく一部の人たちが食べるパンという感じで、一般的にはまだ天然酵母という言葉すら使われていませんでした。酸っぱくて硬い、食べにくいパンで、扱っているのも自然食品店など限られたパン屋だったため、なかなか焼きたてを食べることはできなかったのです。

92年頃から、ホシノ天然酵母が徐々に普及しはじめ、そのノウハウも少しずつ表に出てきました。わたしは、ホシノの講習会を受けたりしながら、天然酵母を少しずつかじり始めていました。

日本人の味覚に寄り添う酵母を使う

ちょうどその頃、清里高原に旅行したときのことです。清泉寮で食べた天然酵母のパン、このおいしさに強い衝撃を受けました。硬いパンなのに、風味がとてもよく、不思議と後を引く。炭火のグリルで焼いたときの素晴らしい香りは、今でも忘れません。こんなにおいしい天然酵母パンがあるのだと感激し、自分も絶対に作りたいと思い、それから天然酵母のパン作りに本格的に取り組みました。

天然酵母は、イーストに比べると発酵力が弱く、パン作りに使える発酵種に培養するには、常に活性状態を確認しながらの安定した温度と時間の管理が不可欠。そのうえ、発酵種の発酵力は、培養の具合によってまちまちで、安定した発酵種を作ることは難しいのです。

ですから、天然酵母の培養法や扱い方は店ごとによって違い、店が100あれば、100通りの手法が存在するということです。

2001年でしたか、「ルヴァン」の甲田幹夫さんが天然酵母パンの本を出されました。このあたりから、天然酵母がどういうものなのかが、理解されてきたのではないでしょうか。甲田さんの本が出る以前にも、天然酵母パンについて書かれた本は少しはありました。しかし、あくまでも自然食品がらみのパンという紹介のされ方で、技術本ではありませんでした。ですから、甲田さんの本はとても画期的で、わたしも参考にさせてもらいました。

わたしがホシノの天然酵母を選んだのは、まず、使いやすいということ。発酵力が安定していてぶれがない、すぐ手に入るということも大きなメリットで、味がよいというのも魅力です。

一般的な天然酵母パンというのは酸味が強く、パン通が食べるパン、マニアックなパンという感じですが、ホシノ天然酵母を使うと食べやすい。酸味が淡く、日本人に馴染みやすいパンに仕上がります。もともと麹と酵母を合わせているし、内麦（国産小麦）、国産減農薬米を使っているので、日本人の味覚にぴったたり合うのですね。「どこかで食べたことがある」懐かしい味なんです。

ホシノ天然酵母は、創業者の星野昌さんが、1951年、日本で初めて「天然酵母パン種」を作ると同時に名称も考え出されたものです。

パンに必要な酵母菌、植物性乳酸菌、麹菌の3種類を小麦粉、米等の天然原料を用いて自然培養した酵母で、乾燥した粉末や顆粒状なのが特徴。フルーツや穀物などの種を使って、はじめから酵母種を起こす必要はありませんが、培養しないと発酵力はありません。目安となる基本培養法はありますが、培養過程で各自が目指すパンに適った工夫を加えたり、種の個性を高めることもできます。

わたしは、使っていて気がついた点をホシノの会社に提案して、より使いやすいパン種を開発してもらいました。それが、店で使っている、日本人向けの風味を出す「ホシノ小麦粉種（赤）」、通称「赤種」と呼ばれているものです。

現在、ホシノ天然酵母の種と同時に、フルーツ種も作っていますが、フルーツ種は酸味があるし、仕上がりにどうしてもぶれが出てしまうんですね。その点、ホシノは麹を使っているため、ぶれがなくて作業性がよいのです。

天然酵母には、その材料となったフルーツやお米などの味があるのです。つまり、本質的に「だし」が入った種と言えるでしょうか。イーストは発酵力が安定していて強いため、パン生地をうまく膨らませるために使い、天然酵母は、素材の旨みを引き出すだしと考えて使い分けています。

天然酵母を「中種」に使う

最初はスタンダードに、16時間生地を寝かせる「オーバーナイト」という使い方をしていましたが、これだけではいろいろな商品ができにくい。そこで、今までのイーストを使っていた商品に、天然酵母で発酵させた生地を加えるという「中種法」を試してみました。

中種法は、生地の原料の一部をあらかじめ発酵させてから、残りの原料と混ぜて仕上げる方法で、発酵時間が長いため、風味が増して焼き上がりのボリュームが出る。発酵による生地のむらが少なく、焼成したパンの老化も遅いというメリットがあります。それを天然酵母ではできないだろうかと考えたのです。

生地の発酵は、バターや卵など、いろいろな材料を入れると生地が重くなって、うまく膨らまないこともあります。温度帯とか、外気の変化によっても影響される。イーストだけのときよりも、天然酵母によって発酵させた生地を加えたほうが、製品のよりよい安定力が得られ旨みも加わるのです。

これは、わたし独自の手法です。天然酵母の生種を、どうにかイーストと併用できないかと考えた人は、いっぱいいたと思うんですよ。ストレートに材料としてゴンッと突っ込めば膨らむんじゃないかとか。でも、それでは膨らまない。だから、中種を作るという作業が必要になる。ひと手間多くなるんです。そもそも天然酵母は、最初に種を起こすのに20～24時間かかり、それをまた継いでいかなければならない。さらにもうひと手間かけるというのは、実に容易ではないことです。しかし、最終的に製品が安定するため、作業性がよくなるというわけです。

作りたいパンのイメージは鮮明に描くべき

お客さんは、ずーっと同じものを食べていると飽きるじゃないですか。なんとなくおいしくなくなったように感じて、突然飽きてしまうことがあります。飽きさせないためには、おいしいものを改良しながら、同じ状態を作っていくということがポイントになります。たとえば、甘みなどは同じ状態で、香りや食感といった旨みを上げる。そのために天然酵母を使った中種を用いて、配合を変えていくわけですね。

わたしには「こういうパンを作りたい」というイメージが明確にあって、それを具現化するためにいろいろな試作をします。失敗することも多いのですが、目指すパンの食感、香り、焼き色などがはっきりと頭に描かれているため、必ずそこにたどり着けるのです。

パン職人になるとは、
夢にも思わなかった。
セミ捕りが無性に
好きな小学生だった。

中学１年生のとき、祖父と一緒に祖父の故郷の新潟に旅行したとき。

パンの姿っていうのは、そう変わりませんよね。たとえば、フランスパンはフランスパンで形は変わらないけれど、そのなかでも、色の強さとか香りは違ってくるので、その部分のイメージをクリアに持っているとよいと思います。ヒントのひとつとなるのは、よそのお店の商品で、まず、おいしいものを食べてみます。でも、自分としては同じものは作りたくないんです。それを天然酵母でできないかなと、いろいろ考えるんです。自分の店のものは、当然おいしいと思いますが、よそのお店のパンもおいしいものがある。閉鎖的にならず、なるべくいろいろな人が作ったパンを食べてみるようにしています。

フランスのエリック・カイザーさんは、ライ麦から起こし、小麦粉をついでいる天然酵母の発酵種ルヴァンオリキッド（液体酵母）と生イーストを合わせてパンを作られています。彼のパンを何度か食べてみて、なにかアンテナに引っかかるものを感じました。今、日本では、そうした天然酵母とイーストをうまく組み合わせたスタイルというのが多くなってきていますね。わたしも、ほかのパン職人も影響を受けていると思いますよ。

まず作るのは、求められるパン

パン作りを続けている間には、生地がうまく膨らまなくなってしまったり、儲けがなかなか出ないということもあります。「あんパンいくつ作ったら、みんなの給料が払えるのか」なんて考えてしまうこともあります。そういったことは、独立して店を持っている人は、皆さん考えているんじゃないでしょうか。

好きなパン、自分の作りたいパンだけ作っていて利潤が出せればいいですが、そんなうまい話があるわけはなく、お客さんが求めるパンというのを作らなければならないのです。

おいしさ、味覚というのは感覚的なものなので、人それぞれです。わたしがすごくおいしいなと感じても、お客さんには受け入れられなかったものも、いっぱいあります。そういうときは、頭を切り替えて、次のことを考えるようにしています。地域性、お客様の年代なども考慮しなければいけないですね。たとえば東京なら、重いハード系のものが中心になって売れる場合もあると思いますが、郊外の住宅地では、常食のパンというのが中心になります。

お客さんが求めるパンを第一義に考え、同時に、自分が作りたいパンも表現していくということが大切です。スタンダードなあんパン、クリームパン、食パンといったものを、よりおいしく作っていくことを考えなければいけません。

天然酵母が置かれている状況というのは、20年前と今とでは違っています。わたしたちは何回か口にしているから、馴染んできているんです。最初はとっつきにくかったのが、食べているうちに、その酸味がおいしく感じられるときが出てくるんですよ。1年前には受け入れられなかった商品が、今になって好まれる商品になっているということもあります。それと、天然酵母パンに対する情報が豊富になって、雑誌などでも採り上げられることがかなり増えて、消費者の方は、天然酵母特有の味にも慣れつつあり、身近になっていると思います。

また、季節によって変わる人間の体調や味覚に合わせて、甘いものとしょっぱいものの品揃えを変えていく、クリームの糖度を冬は上げて、夏は下げるなどのアレンジをするようにしています。そのためには、作るわたしたちが常に食べていないといけないため、必ず全種類試食は欠かせません。

そして、材料や酵母も含めて、絶えず進歩することを考えています。それと、オリジナルの創作パンを作るために工夫をしています。わたしは料理を作るのが好きなので、料理を活用したパンを作りたい。今までもいろいろな総菜パンを作っていて、「塩焼きそばパン」はかなり好評をいただいています。

われわれの職業は、人に食べてもらって喜んでもらう、というのが一番なんです。「おいしいね」っていう、その一言だけなんですよ。それが、すべて。料理を作るときも同じです。

パン屋なればこそ粉にこだわる

凝り性なのか、材料もいろいろと追及したくなる性質で、小麦粉は数種類使い分けています。天然酵母を使うパンは、ブドウ種ならブドウの香り、小麦粉種なら小麦粉の香りというように、焼き上がったパンには、酵母の素となった素材の香りがします。また、酵母には小麦粉の個性を引き立てる作用があるため、粉それぞれの個性が際立つようになります。なので、パンに合わせて小麦粉を厳選することが重要なのです。

うちでは、パンの特徴、酵母との相性、発酵の加減などで粉の種類を選んでいますが、作りたいパンの方向性を変えたいときには、思い切って、今までとは違う粉に変えることもあります。

現在は、星野物産さんの小麦粉など、それも内麦数種類の粉を利用しています。内麦の多くは製パンに適さないため、これまであまり使われませんでしたが、食料自給率の向上や地産地消といったことが注目されてきて、各地でパンに適した小麦の品種改良が進められています。パンに向くグルテンの質と量を持つ内麦も増えてきて、同時に、わたしたち使う側の技術も追いついてきていると思います。

内麦のよいところは、まず、日本人の身に合っているところ。ホシノ天然酵母と同じく、どこかで食べたことのある、なじみのある味なんです。コクや香りが豊かで、外麦（外国産小麦）に比べると重く上がるが、その分粉の甘みを閉じ込めたパンが出来上がります。それを知ってしまうと、外麦はなかなか使えなくなってくる。もちろん、外麦が必要な商品もあるのですが、だんだんと外麦ははずす傾向になっていますね、わたしは。

また、内麦には、お客さんが求める安全で安心なイメージを満足させられるという利点もあると思います。

嗜好品のパンが作りたい

「こういうパンが作りたい」と思っても、どうにもその通りのパンができないということは、何度もあります。そういうときには、できるまで、何度でもやるしかないと思います。チャレンジの繰り返しです。

パンを作るときは、まず、自分が試食して、「いけそうだな」と思ったら家族に食べさせてみますし、現場でできれば、現場の人間に食べてもらっています。妻と娘は、率直に意見を言ってくれるので、とても参考になります。

最近では本（『天然酵母パンの技術教本』旭屋出版）を出したり、講習会の講師をすることが多く、そのつど新作を披露しなくてはならないため、常に新しいパンのことを考えています。

ここ数年、パンやパン店が脚光を浴びて、いわゆる「パンブーム」という状況でした。現在は、それが二極化しつつあると思います。スーパーマーケットや大手のパン屋で買うパンと、ブーランジェで求めるパンという二つに分かれていき、ブーランジェが作るパンというものは嗜好品であり、パティシェが作るケーキのようなものでもあると思います。

わたしは、嗜好品のパンを、「なくても暮らしていけるが、あったら心が豊かになって嬉しい」というパンを作りたいと思います。今、店がある場所は住宅地なので、生活に密着したパンというのも必要ですが、なるべく「ブーランジェのパン」に移行していければと考えています。

よりおいしいパンを目指す職人魂を持ち続ける

これからパン職人を目指す人には、「パン職人の気持ち」を大事にしてもらいたい。ただ、パンが作れる人ではなく、よりおいしいものを作るために工夫や努力を怠らないことですね。習っただけのパンしか作れないという人が、けっこう多いんですよ。最初にレシピをもらって、それがパンだと思って、それしか作ろうとしない。そうではなく、そこから自分なりの研究をして、オリジナルを作り出す努力を忘れないでほしいですね。

フランスでは、フランスパンは規則によって、価格や材料はおろかパンの形と名前、生地の重さ、長さ、クープの数が厳格に決められていますが、日本ではそういった規制がないですから、基本のレシピを崩さない程度に独自性を出すことは可能で、それに精一杯取り組むべきだと思います。

教科書通りのものや人と同じパンを作って、果たして、お客さんに喜んでいただけるでしょうか。せっかく、この職業に就いているのだから、心《しん》からおいしいと思うものを求めていくべきだと考えます。それは「これでおしまい」ということはなくて、常に追い続けなくてはなりません。努力や仕事には終わりがないのです。いつも進化し、改良し続けるべきだと思います。

ある日、自分やまわりの人が食べてみて、最高の出来だと思うパンが作れて

遊園地をテーマにした
「昨日見た夢」という
作品で、準優勝を！

2001年、TVチャンピオンの「パン屋さん選手権」に出場。他の出場者が機械でミキシングするなか、手捏ねで作業して観客の心をつかんだ。

も、それに甘んじてはいけないのです。「これでいい」というものはないと思います。

とはいっても、改良しているうちに、いじりすぎて複雑になり、違った方向に行ってしまう場合があります。材料や配合に凝りすぎて、味のバランスがおかしくなってしまうことなどもあるでしょう。そのときは、また、元に戻っていけばよいのです。

最終的には、シンプルがいいんです。シンプルというのは、基本の配合を崩さずに、自分の味を作っていくということ。粉の組み合わせ、酵母の使い方、発酵の時間や条件、焼成の時間や温度帯など、どれかひとつ変えただけでも味は大きく変わってきます。

われわれは、毎日同じことをやっているんですよ。でも、その中で、さっき言った材料や手法を変えてみたらどうなんだろうということを考えるのが、大切になってくるんですね。なにも変える必要なんかないんじゃないか、今のやり方でできてるんだからいいじゃないか、という人が多いと思います。しかし、そこで止まってしまわずに、よりよいものを作るために、変えてみるということが肝要なのです。

そのためには、外に出ていろいろなものを見て、食べてみるということが、一番重要なポイントとなるでしょう。自分の店のものは当然おいしいと思っていますが、よそのお店のパンもおいしいものがある。なるべくいろいろな人が作ったパンを食べてみるようにしています。

今年は、去年までできなかったことをやってみたいと考えていて、１００％内麦を使いつつ、全商品のイーストをはずすということに挑戦します。現在は、約3割の商品に補足的にイーストを使っているのですが、１００％天然酵母のブーランジェリーにしたいのです。作業性は落ちますが、それを今までと同じような効率でできるようにする。それを考えるのが、わたしなのです。

今、パンの7〜8割とお菓子のすべてに内麦を使っていますが、パンもすべて内麦で作りたい。パンはもちろんお菓子も、内麦のほうが、断然おいしく出来上がりますね。内麦は、外麦よりもグルテンの量が少なく、質もそれほど硬くないため、お菓子に合っているんですね。クッキー、ケーキなどは石臼挽きの内麦を使っていますが、石臼は粗く挽けるため、サクサクした食感が出せて、風味も高まります。グルテンが出にくいため、粉が合わせやすいという利点もあります。お菓子には石臼挽き内麦はベストではないでしょうか。

クエスチョンマークを持ち続ける

今、開業希望者やプロの方向けの講習会に出る機会が多いのですが、みなさん小麦についての関心が高いようです。わたしは、一般的に出ていない粉を好んで使うので、それはどんな粉なのかという質問をよく受けます。わたしも、以前は講習会によく出かけて勉強しました。最近は本を見て研究しています。また、講習会にいらして、わたしたちの技術を見て楽しむ、手品を見るような感じでいらっしゃる方も、けっこう多いですね。

日々、朝から晩までルーティンワークに追われていると、疑問がなくなってきます。「これはどうなんだろう」というクエスチョンマークが、少なくなってくる。その毎日の繰り返しのなかで、なにかを探していかなくちゃいけないのではないでしょうか。クエスチョンマークが大事なのかなと。

わたしは釣り、フライフィッシングが趣味なのですが、釣り師というのは、ほどほどに釣れても、もっと釣れないか、と思う。言葉は悪いですが、スケベなんですよ。釣りをしているあいだや、魚が釣れたときはそれなりに楽しいんだけれど、満足じゃない。100%がないんですよ。たぶん誰もがそうだと思います。それがパン作りと共通していると、わたしは思うんですね。もっとよいパンを！と追及する。だから、きりがないのですね。

パン工房 風見鶏
住所／埼玉県さいたま市南区大谷口5338−6

電話／048-874-5831
営業時間／10：00～19：30
定休日／木曜日、第3日曜日
http://kazamidori-pan.shop-web.org

ブーランジュリ ル シュクレクール

岩永 歩

いわなが あゆむ

1974年東京都生まれ。1994年クラインゲベック、1998年ブーランジュリー ブルディガラ、レストラン ルイブラン、ブーランジュリー イブー（現在閉店）などを経て、2002年渡仏し、パリ・メゾン カイザー（現エリック カイザー）入社。2004年ブーランジュリ ル シュクレクール、2007年パティスリー ケ モンテベロ開業。

「何もなかった僕の今があるのは、二度と戻りたくない20代とかけがえのない出会いがあったから。」

大阪郊外の平凡な住宅地に、フランスさながらのブーランジェリーがあると話題を呼び、注目されてきた「ル シュクレクール」。オーナーシェフの岩永歩氏は、パンを表現媒体として自らの熱い想いを込め、ブーランジェリーとは何か、ブーランジェとは何かを世に問い続けている。

残ったのは、がんばらなかった後悔の記憶。

1974年5月13日、女の子を熱望する母親の期待を裏切り、僕は産声をあげました。

東京の狛江に住んでいた頃は、父が駆け出しの映画カメラマンだったこともあり、経済的にはかなり苦しかったようです。その後父がサラリーマンへと転職し、多摩ニュータウンに引っ越しました。母によれば幼少期の僕は「子どもらしくない子だった。よく言えば落ち着いた子」。小学校入学に合わせ、父の転勤で吹田市（大阪府）に移りました。大阪に来るのを嫌がっていた母を気遣ってか、僕は外では関西弁、家に入ると標準語と、器用に使い分けていたのを覚えています。

母とは、決して仲がよかったわけではありません。毎日怒られてばかりのできの悪い子どもだったこともありましたが、母親の顔色を見て過ごしていたような気がします。加えて、父も仕事で家にはほとんどいないし、両親の仲はよいとは言えませんでした。「家庭」としては冷めていましたね。そんな家庭環境もあって、いつからか僕は屈折し始め、他人に心を開かなくなりました。家族に対して憎しみすら覚える時期もありました。完全に（心が）病んでましたね（笑）。

僕の人格を形成した大きな柱の一つに、小学3年から始めた野球があります。少年野球時代から厳しく礼儀作法を叩き込まれました。ずっと補欠でしたけどね（笑）。転機が訪れたのは高校1年の秋、ショートからピッチャーにコンバートされた時でした。成長期で身体能力が高まり、「次期エース」と期待され、初めて第一線級の表舞台に上がりました。ただ、まったく競争心や闘争心がなかったんです。元々子どもの頃から卑屈なくらい劣等感が強く、できない自分が努力すること自体、カッコ悪いと思っていました。だから「エース」という称号をいつ奪われるかと、常に怯えていたんじゃないですかね。在学中に「元エース」になるわけですが、悔しいとさえ思わなかった。守るだけの自信もない上、自信を裏打ちする努力すらしなかったのですから。そのくせ、そんな自分を隠すために強がっていたので、まわりから見られる自分との間に常にギャップは感じていました。本当は弱かったし、苦しかったし、寂しかった。エースどころかピッチャーとしても心が折れてしまい、くすぶったまま僕の高校野球が終わりました。

そんな高校生活に強烈な「後悔」を刻み込んだのが、母の「あんたの入場行進、見たかったなぁ」の一言でした。応援してくれていた人がいたのに、支えていてくれた人がいたのに、がんばりきれなかった自分がすごく情けなくて、初めて心の底から後悔しました。その上、僕は、ここにがんばれる理由があったことにも気がつかなかった。本当はがんばりたくて、一生懸命がんばる理由を探していたはずなのに。

ただ、このことは、後の僕にとって、大きな意味を持つできごとになりました。こんなに惨めでカッコ悪くて情けないこと、二度と味わいたくないですから。僕をフランスまで駆り立てたのは、好きな野球を中途半端で辞めた後悔の念だったんです。

207 ブーランジュリ ル シュクレクール
岩永　歩

母の料理はおいしかった。
料理を作ってほめられるのも
うれしかった。

多摩ニュータウンに住んでいた３歳の頃。

理由がないとがんばれない。

当時はこれといってやりたいこともなく、付属の大学に進みました。監督からも「なんでお前が受かったんや?」と言われましたけど(笑)。在学中に将来について考えようとは思っていましたが、野球も辞め、もぬけの殻の僕は、ろくに大学にも行かず、ふて腐れた毎日を過ごしていました。

ある時、ひょんなことからスパゲティ屋さんでバイトを始めたんです。料理は当時から嫌いじゃなかったですね。小学生の頃から、家庭科で習った料理を家で作ってみたり、母の料理本を切り抜いてノートに貼ってレシピ帳を作ったりしていました。表現下手の僕は、料理をすることで喜んでもらえるのが嬉しかったんだと思います。「おいしい」は、数少ないほめ言葉でした。

そのスパゲティ屋さんで、僕がパンを始めるきっかけになった、ある女性との出会いがありました。19歳の時です。

彼女は、僕の屈折した心の暗闇に初めて飛び込んできてくれた人、僕が初めて心を許せた人でした。温かい家庭に強烈な憧れがあり結婚願望が強かった僕は、6歳年上の彼女との結婚を考えるようになり、大学を辞めました。でも、今まで野球しかしてこなかった僕は、相変わらずやりたいことが見つからなかった。でも、もう中途半端には決めたくなかったので、それなら、と考えたんです。彼女はフランスの留学経験があり、パンが好きでした。「好きな人の好きなものを、毎日作ってあげられたら…」。これが、僕がパンを始めた理由です。「彼女のため」という、がんばる理由も見つけました。

学生時代は質より量。吉野家や王将へは行きましたが、僕にとってパンは「何個食べたらお腹いっぱいになるの?」という食べ物でした。当時、僕なりに一番おいしいと感じた「クラインゲベック」(大阪府豊中市)という店に頼み込み、入店させていただきましたが、専門学校にも行っておらず、まったく何もわからない状態でした。店長の次井さん(次井利之氏)も、僕を雇ったものの、すぐ辞めると思っていたようです。なにしろお客さんに「ここは外人さんが作ってるからおいしいのね」と言われるくらい金髪でしたから（笑）。でも、一生懸命働きましたよ。店長にも本当によくしていただきました。入店して最初のクリスマスに、初めて全工程を携わらせてもらって小さな食パンを焼き、雑貨屋さんで買ってきた小さなバスケットに入れて、「初めて全部自分で焼きました」って彼女にプレゼントしたっけなぁ…。思い出すと変な汗が出ますね（笑）。でも、その時の彼女の喜んでくれた顔、その顔を見て嬉しかった自分…一生忘れませんね。現在は、一日に数多くのパンを焼かなくてはなりませんが、ひとつ一つ、その時のような気持ちで作り続けれたらいいなぁと思っています。

しかし、彼女とは、ご両親の猛烈な反対にあったのがきっかけとなり、別れることになりました。結婚適齢期の娘を20歳そこそこの男性と付き合わせるわけにはいかない、とのことでした。「彼女のために」と思って始めたパンの仕事。それを続ける意味がなくなってしまった僕は、空気の重みにすら押しつぶされてしまいそうなくらい、へこみました。ただ、その頃にはもう十分過ぎるくらい店長にお世話になっていたので、簡単に辞めるわけにはいきませんでした。

そんなある日、店長の友人が神戸に連れて行ってくれました。そこで初めて、「ブランジェリー　コムシノワ」に出合ったんです。まだ本店しかなかった頃でした。たちまち魅了され、時間が経ってもその思いは消えるどころか膨れ上がりました。面接も受け、何回も通って西川シェフ（西川功晃氏）にお話を聞かせていただきました。ただ、僕は22歳で結婚し、子どももいました。「コムシノワ」の朝は早く、とても通える時間と距離ではなかったので店の近くに引っ越すことも考えたのですが、僕の長女は重度の障害児で近くの大学病院にお世話になっていたのもあって、とても無理な状況でした。それでも僕はどうしても諦めきれず、答えを先延ばしにして思い悩んでいました。ある日、西川シェフとお話をさせていただいた帰り、「これ以上、自分に時間を割いてもらうのは失礼や」と思い、店に駆け戻って、どうしても働けないことを伝えました。そうしたら、「一緒に働けなくても、同じ方向を向いて仕事をすることはできるよ。数年後には面白い存在になると思うし、がんばって！」と握手をしてくれたんです。その手を握りしめた瞬間、思いがあふれ、店のレジの前で号泣してしまいました。そんな経緯もあり、僕の中ではいつまでも「コムシノワ」も「西川シェフ」も特別な存在なんです。

等身大の自分と初めて向き合えた。

そんな中、「大阪でコムシノワのような店をやらないか」と業者さんを通じて「ブルディガラ」立ち上げのお話をいただきました。「コムシノワ」に行きたくても行けなかった僕には、願ってもない話でした。喜び勇んで行きましたが、食パンや菓子パンしか触ったことがない僕には、生地の仕込みや扱い、それどころか食材やパンの名前さえ、初めて知ることばかりで、ブーランジュリとベーカリーはまったくの異業種だということを思い知らされました。「何年やってんねん！」と何回言われたことか。注目されている店でしたし、「お前がミスればオープンも失敗になるぞ」とプレッシャーが重くのしかかり、4年間パンの仕事を懸命にやってきた自分がここまで通用しないことに、以前働いていた「クラインゲベック」の店長を恨んだこともありました。ここからでしたね、「どこに行っても通用する仕事を覚えなければいけない」と思ったのは。ただ、自信は打ち砕かれ、できない自分を知られたくないばかりに虚栄を張り、いつしかまた劣等感とコンプレックスに苛まれていました。

その後、「料理とパン」を勉強したいと思い、「レストラン ルイブラン」(神戸市)へ行きました。自分の中に、パン職人と一緒に働くのを避けたい気持ちがあったかも知れませんが、理由はどうあれ、この店は僕に大きなインパクトを与えてくれました。

当時の「ルイブラン」は、本当にフランスに固執した店でした。国産の肉は使わないし、小さいブーランジュリー・パティスリーにもフランスのものしか置かない。僕は、「ブルディガラ」で知ったヨーロッパのパンからフランスのパンへと、急速に引き寄せられた感じでした。料理の厨房の一角でパンを作りましたが、フランス語が飛び交う中、キュイジニエやパティシエ、ソムリエと過ごす刺激的な毎日でした。見たこともない食材を知り、パンしか知らない自分に気づき、レストランでのブーランジェの位置というのを感じました。そして、各種スペシャリストから多くのことを学びました。今も続くこの出会いが、常にキュイジニエ、パティシエを意識し続けるその後の僕の土台を築いたんだと思います。特にソムリエと知り合ったことで、サービス業に対する認識が一変しました。そのソムリエは、休憩時間に僕の横に来て、サービス業とはなんたるかを延々としゃべり続けるんですよ（笑）。でも、この時サービスについて学んだおかげで、今、僕の店で質の高い対面販売ができていると思います。

「ルイブラン」に勤めた後、以前から交流のあった業者さんから「門真（大阪府）でパン屋をしたい」との誘いがあり、シェフとして招かれましたが、ここでまた大きな挫折をすることになりました。この時の僕は、「ブルディガラ」の立ち上げに携わり、「ルイブラン」でキュイジニエと張り合い、今度はシェフとして招かれて意気揚々でした。そこで、僕がずっとやりたかったハード系のパンとケーキがある、今の僕の店のスタイルの原形になる店をすることにしました。

しかし、オーナーの不手際が重なり、やっとパンの試作が始まったのはオープンの3日前。他のスタッフに迷惑はかけられないと一人で背負い込み、3日3晩徹夜して開店にこぎつけました。行列ができ、パンも完売したのですが、もう僕に動ける余力は残っていませんでした。その日、「シャワーだけ浴びに帰らせて欲しい」と頼み、家へ帰る途中で居眠り運転をしてしまい、中央環状の信号待ちの車にノーブレーキで突っ込んだんです。3車線のうち2車線を止める事故を起こし、車は廃車になりました。警察には「前がトラックやったら、首、はねられとるで」と…。疲れ果て、事故後の取り調べ中も寝てしまっている僕を見て、「働かせすぎや!」とオーナーが怒られたようですが、原因は、僕の責任感の空回りだったと思います。それと「オープンさせる」ことがいつしか目標になっていたんですね。店は継続していかなければ意味がありません。シェフ失格でしたね。店に戻った時には、僕がやっていたパンではなく、どこの店にでもあるようなパンで埋め尽くされていました。仕方ないですよね。僕がいない間も残った人間で店をまわさなきゃいけないんですから。不祥事を起こした僕がとやかく言える立場ではなく、店をまとめる力もなく、完全に孤立しました。当時26歳だった僕に「まだ若かったんだよ」という陰口も叩かれ、駅までの帰り道、悔しくて悔しくて泣きながら、初めて本気でパン職人を辞めようと思いました。

その店は結局、オーナーが保証人に逃げられて資金繰りが怪しくなったため、全員辞めることになりました。まわりに迷惑をかけ、失意のどん底にも落ちましたが、僕自身の虚栄の膜が破れて無力さを晒したことで、自分と初めて向き合えたんです。僕は、等身大の自分がこんなにも小さいことを知りました。

カイザーに出会って見えたブーランジェへの道。

そんな時、エリック・カイザーと出会ったんです。

カイザーと提携し、オープン準備をしている「イブー」（兵庫県西宮市）に紹介され、見学に行った時のことでした。「なんやこれ！」と今までのすべての概念が覆されるほどフランスから直輸入された小麦粉は芳しく、焼き上がったパンを食べた時には身震いすら覚えました。僕はちょうどパンとは何かがわからなくなっていた時だったこともあって、「これがパンだ」という答えを突きつけられた気がしました。そして、メゾン　カイザー（現エリック　カイザー）パリ本店のシェフ、ジャン・クリストフの圧倒的な存在感。フランス食文化の底辺を担う誇りと自信に満ちあふれて見えました。来日したカイザーとは、オープン日を挟んだ3日間ずっと行動を共にしましたが、彼のそばで、「パンってこんなに自由で楽しいもんなんや」と感じました。ある日、彼がクロワッサンの発酵を忘れてると思い、呼びに行った時に一言、「大丈夫。パンは僕を裏切らない」。…惚れましたね（笑）。

僕は、「イブー」を辞め、カイザーを慕ってパリに渡ることになるのですが、大きな問題がありました。留守は嫁が守ると言ってくれたのですが、店を転々としてきた結果、まったく貯金がなかったんです。障害児を抱える嫁に共働きを望むのも不可能でしたし、次女も産まれていました。でも、どうしてもフランスに行きたかったんです。というより、このまま中途半端に終わるのが嫌だったんです。途中で諦めるくらいなら、どれだけ困難でもやるだけやって諦めたかった。

それから1年間、パン業界を離れ、渡仏資金を貯めることに専念しました。北新地（大阪の高級繁華街）では、ナイトというホストのような仕事と串カツ屋をかけ持ちして働き、人生の縮図や栄華盛衰の一部始終、本物のホステスさんのオーラなどを目の当たりにし、通常の仕事では知り得ないことを学び、感じました。ドンペリも水のように飲みましたね（笑）。その後、運送会社へ就職してトラックで広島まで行ったり、打ったこともないパチンコ屋さんでタバコの煙と大音量に埋もれて働いたり。1年間ほぼ休みはなく、睡眠時間が平均2時間という生活は、当時の記憶が薄くなるほど過酷な毎日でした。あまりに疲れ果て、途中からはフランスへ行きたいというより、この辛い生活から早く抜け出したいという思いに変わっていったと思います。

この話をすると「苦労されたんですね」と言われますが、苦労とか努力と思ったことはないですね。なぜかというと、フランスに行くためにはやらなきゃいけなかったことだからです。才能やお金があれば経験しなくていいことかもしれませんが、才能もお金もない人間が同じことをしようと思うなら、それだけの代償を払うのは当然のことです。僕はその代償として時間と労力を捧げただけなんです。与えられた現実を悲観し、能力がないことを嘆く暇があるなら、それを補うすべを考えればいいんです。そして必ずや受け取る報酬の大きさは、捧げた代償の大きさに比例するはずです。実際、フランスは僕に、後の支えとなる大きな財産を用意してくれていましたから…。

パリでのカイザーの第一声は「本当に来るとは思っていなかった」(笑)。メゾン・カイザーに研修生としてではなく、社員として入った日本人は僕が初めてでした。日本に残してきた家族の生活のこともあり、パリで過ごしたのはわずか半年ほどでしたが、経験したことのすべては、とても語り尽くせない濃密なものとなりました。

毎日、まつ毛に雪のように粉を積もらせ、ただひたすらパンに向き合い、街に出れば、まるで体中の毛穴という毛穴から「フランス」という空気を吸い込むかのように全身で感じていました。そして、ビストロやパティスリーに通いつめては舌と記憶に叩き込むように食べ漁ったり、暇を見つけては行ける限りの地方にも足をのばしました。三ツ星と二ツ星の違いは何か、ビストロとブラッセリーの違いは何なのか、レストランではどんなパンが出ているのか、ビストロではどういうパンが求められるのか…将来、キュイジニエやパティシエと仕事する機会を得た時のために、フランスの民族性や精神性、味覚のトーンといった、上っ面ではない根底の「フランス」を身体に染み込ませたかったんです。

そうして、僕はやっと「ブーランジェ」という仕事の本質を理解できた気がしました。小さい時から何をしても中途半端。本気でがんばることをしてこなかった僕が、生まれて初めて「僕は～です」と言えるものをつかんだのです。

やっと自分を少し好きになれた気がしました。

「僕はブーランジェだ」と胸を張って思えるようになった。
それこそが、フランスがくれた財産。

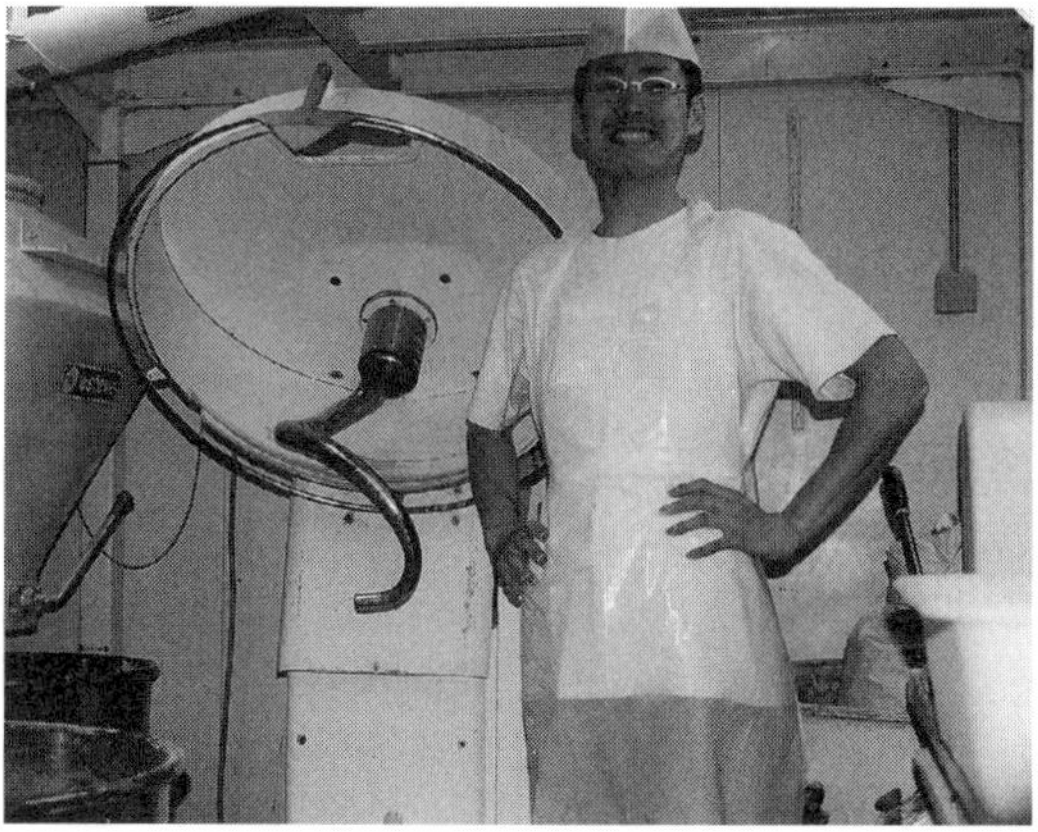

メゾン　カイザーで働いた27歳の頃。

現実と塗りかえる「覚悟」。

カイザーは僕を「ファミリーだ」とかわいがってくれ、子どもの病院の引き継ぎもするから家族をパリに呼び寄せられないのか、と打診してくれましたが、彼の看板の下でフランス人を喜ばせることは、そう難しくないことでした。それより日本に戻り、感じたことを表現することのほうがはるかに難しい。単純に、難しいほうを選択しました。ただ、南仏に行きたいばかりに帰国が遅れ、日本では家賃の支払いすら危ない状況でした。

帰国後、「大阪を盛り上げよう」との言葉で入った会社で、僕の店を立ち上げる計画がありましたが実現する気配もなく、移動販売用のメロンパンを焼く毎日を送ったこともあります。さらにいくつか声がかかりましたが、やはり僕は組織には不向きな人間です。企業からみても使いにくい人間だと思いますし。

そんな時発売されたミスター・チルドレンの『蘇生』という歌の中に、「叶いもしない夢を見るのはもう　やめにすることにしたんだから　今度はこのさえない現実を　夢みたいに塗り変えればいいさ」という詩があったんです。それを聴いて、「グダグダ言ってんと、好きなようにやって自分で全部の責任を背負えばいいやん」と単純な僕は思い、独立を決意しました。

しかし、金融機関にお金を借りに行ったら、「これで独立できると思ったの？」と聞かれるくらいお金はありませんでした。何となく「借りれるんちゃうかな？」と思ったんですよね。甘かったですね（笑）。情熱や経験なんて、社会ではまったく信用につながらない。むしろそれがなくても、自己資金や有力な保証人、担保物件があれば貸してもらえるという現実を知り、ショックでした。一銭も借りられないとわかった時は、頭の中が真っ白になりました。それでも多くの人が応援してくれ、僕の知らない人まで何か糸口がないかと動いてくれていて、「僕自身が諦めたらあかん！」と思わせてくれました。時間はかかりましたが、保証協会さん（信用保証協会）と国金さん（国民生活金融公庫）の力を借り、晴れて開業資金を借りることができました。わずかな借り入れで工面するため、厨房機器のほとんどはヤフーオークションで競り落としたサイズの揃わない中古品ばかり。目先の現金が欲しくて、私物のマドレーヌやフィナンシェの型も売りました。

そうして2004年4月、「ブーランジュリ　ル　シュクレクール」をオープンへと至りました。

いただいた光を反射して輝くことが、恩返し。

僕のまわりの人たちに、不思議がられることがあります。まず、岸部という場所で開業したこと。地元という以外に理由はないんですけど、生活圏での開業、これは必然でした。それは、「パンとは生活に寄り添う食べ物」だからです。嗜好品ではなく、手に届く日常品であるがゆえに高貴な食べ物なんです。それから、店構え、対面販売、菓子パンやデニッシュを省いた商品構成について。これらは同業者にも叩かれましたよ。「こんな場所で無理だ」って。

でも、僕はカイザーにブーランジェとしての自分の半生を捧げに行ったんです。帰ってきてそれを表現することは必然でした。売れるからやる、売れないからやらない、じゃなく、信念を貫くためにやらなきゃいけなかったんです。もちろん最初は「メロンパンないの？」「めんたいフランスないの？」ってお客さんに聞かれましたよ。入りにくい、パンが固そう、などと言って帰られたりもしました。

でも、その時がんばれたのは、「コムシノワ」の西川シェフ、パリで働いてるときに訪ねてきてくれた「ル　プチメック」（京都市）の西山シェフ（西山逸成氏）の苦労話を聞いていたからだと思います。「売り上げが3万くらいしかなかった」とか「お金を借りてスタッフの給料を払ったこともあった」とか。先駆者のお二人がそれだけの苦労をしてるんです。僕みたいな者が、順調にいかなくて当たり前。僕も足元にも及ばないまでも、お二人のように情熱を持って店を育ててみたい、そう思ってがんばれたんです。

もう一人、僕を支え続けてくださっているのが「フール　ド　アッシュ」（大阪市）の天野尚道シェフです。イブーで知り合ってから今まで、一番近くで身をもって僕を導いてくれました。フランスに行く前の1年間、死に物狂いの毎日をがんばれたのも、天野シェフの「弟のように思ってる」という一通のメールがあったからです。僕はこのメールを受信した携帯を抱え、出勤前の黒服姿で泣きはらしました。嬉しかったんです。僕を気にしていてくれる人がいたことが。僕の味覚構成、職人としての精神構造、そしてフランスに対する敬意など、そのすべてを作り上げてくれたといっても過言ではありません。天野シェフとの出会いなくして、今の自分はあり得なかったと思います。

２００７年にオープンさせた「パティスリー　ケ　モンテベロ」の店内に僕の心を映し込んだステンドグラスがあります。混沌としたブルーは抱え続けたコンプレックスや劣等感、赤や緑の鮮やかな玉は僕の屈折した心に彩りを与えてくれた「出会い」。そして中央の月は僕自身への戒めです。「自分で光ってると思うなよ」ってことです。出会った素晴らしい人たちから輝きを分けていただいているのだから、僕はその光を忠実に反射し、表現することが恩返しだと思っています。

そういえば、「ル シュクレクール」がプレゼントしてくれたものがありました。それはオープン時、父、母、妹が店を手伝ってくれたこと。僕が20歳の時に両親が離婚して、あまり同じ時間を過ごせなかった家族をこの店が引き合わせてくれました。父は、昔志したカメラを諦めたこともあって無条件で応援してくれ、妹は大きな声と笑顔で店を盛り上げてくれました。母とはわかり合うまで時間を要しましたが、こんな駄目な息子の店を細い身体にムチ打って手伝ってくれ、辞める際に「この店で働けてよかった」と言ってくれた時は、嬉しくて嬉しくて涙が止まりませんでした。そして、忘れてはいけないのが僕自身の家族。僕は、2年前に離婚しましたが、奥さんだった彼女は、一番辛く厳しい時期を重度の障害児を抱え耐え忍び、目まぐるしく店を変わる僕のわがままを理解し、パリに行くことを許してくれた。そして今も裏方で店を支えてくれていて、本当に感謝してもし尽くせません。それから、懸命に働いてくれているスタッフたち…。

僕はまだまだ返せていないことばかり、恩返しできていない人がたくさんいます。

苦しかった10年を表現するための「次の10年」へ。

僕は、自分を誇示するために意固地な店をやってるわけではありません。僕がこの場所に「ル　シュクレクール」をつくり、フランスの食文化を投げかけたのは、ここにパリで見た風景を見たかったからです。バゲットを買って帰るお父さんだったり、パン・オ・レザンをかじりながら歩く子どもだったり。僕は何ができるわけでもありませんが、せめて異文化をお借りしているという敬意を忘れず、フランスの食文化の一端を担っている覚悟と責任感くらいは持ち合わせて「ブーランジュリ」を掲げ続けたい。

僕はブーランジェですが、その前に一表現者であると思っています。小生意気な言動の数々が、いつか信念として輝きを放てるよう、貫いていきたい…這いつくばって歩んできた20代の10年間を、30代の10年で、余すことなく、パンを通して表現することに挑んでいきたい…でないと、僕の20代が報われませんからね。そして10年後、この思いを貫き通した自分に会ってみたいんです。また、10年の歳月を僕と「ル　シュクレクール」におつき合いくださったお客様、お客様に囲まれて成長したこの店を見るのも、今から楽しみで仕方ありません。

Boulangerie Le Sucré-Cœur
ブーランジュリ　ル　シュクレクール
住所／大阪府吹田市岸部北5-20-3
電話／06-6384-7901
営業時間／8：00〜19：00
定休日／水曜日、木曜日
http://www.lesucrecoeur.com/

人気ブーランジェのDNA

発行日　平成21年3月24日初版発行

編　者　旭屋出版編集部《あさひやしゅっぱんへんしゅうぶ》

発行者　早嶋　茂

制作者　永瀬正人

発行所　株式会社旭屋出版
〒162-8401　東京都新宿区市谷砂土原町3-4

郵便振替　00150-1-19572
電話　03-3267-0865（販売）
03-3267-0862（広告）
03-3267-0867（編集）
FAX　03-3268-0928（販売）
旭屋出版ホームページ　URL http://www.asahiya-jp.com

撮　影　後藤弘行　曽我浩一郎（本誌）　ナリタナオシゲ
野辺竜馬　能登文雄

デザイン　小森秀樹

編　集　井上久尚

取　材　らいむす企画　高橋昌子　三上恵子

印刷・製本　株式会社シナノ

ISBN978-4-7511-0821-5　C0030　¥1500E